园艺专业本科职教师资培养现状分析及对策研究

齐安国　周瑞金　杜晓华　周　建　著

U0350461

中国农业出版社
农村读物出版社
北京

图书在版编目（CIP）数据

园艺专业本科职教师资培养现状分析及对策研究 /
齐安国等著 . —北京：中国农业出版社，2019.12
ISBN 978-7-109-26069-6

Ⅰ.①园… Ⅱ.①齐… Ⅲ.①园艺－高等学校－师资
培养－研究 Ⅳ.①S6-4

中国版本图书馆 CIP 数据核字（2019）第 247026 号

中国农业出版社出版
地址：北京市朝阳区麦子店街 18 号楼
邮编：100125
责任编辑：王玉英
版式设计：杨 婧 责任校对：周丽芳
印刷：北京印刷一厂
版次：2019 年 12 月第 1 版
印次：2019 年 12 月北京第 1 次印刷
发行：新华书店北京发行所
开本：850mm×1168mm 1/32
印张：3.25
字数：100 千字
定价：50.00 元

前　言

为进一步加强职业教育师资培养体系建设，提高职业教育师资培养质量，"十二五"期间，中央财政支持全国重点建设职业教育师资培养培训基地，开发 100 个职业教育师资本科专业的培养标准、培养方案、核心课程研发项目。河南科技学院承担了"园艺专业本科职业教育师资培养资源开发项目"。本著作是作者对行业、教师现状、学习者现状进行广泛调研基础上完成的项目成果。

一、开发背景和意义

随着经济全球化、教育信息化的快速发展，社会发展、经济转型、产业结构调整、人才市场需求等对职业教育人才培养提出了新的更高要求。党的十八大对加快发展现代职业教育做出了重大部署，2014 年出台了《现代职业教育体系建设规划（2014—2020 年）》，提出了"2015 年初步形成现代职业教育体系框架，2020 年基本建成中国特色现代职业教育体系"的总体目标。为贯彻落实全国教育工作会议精神和《国家中长期教育改革和发展规划纲要（2010—2020 年)》，大力加强职业教育"双师型"教师队伍建设，2011 年教育部发布了《关于进一步完善职业教育教师培养培训制度的意见》，提出了"加快构建内容完备、特色鲜明、管理规范、相互衔接的职业教育教师培养培训制度体系框架，进一步提升职业教育教师培养培训工作整体水平，更好地满足职业教育改革创新的需要，满足职业教育教师专业化发展的需求。"2012 年教育部实施职业教育师资本科专业标准、培养方案、核心课程和特色教材开发项目（以下简称"职业教育师资本科专业培养资源开发项目")，从实践性、创新性、系统性等方面提出了开发的内容和具体要求。当前我国职业教育改革发展正处在重要战略机遇期，建设一支高素质专业化的教师队伍，对于提高技能型人才培养质量、完善现代职业教育体系、推动职业教育科学发展具有十分重要的意义。

二、作者分工

齐安国撰写第一部分、第二部分（专题报告一、二、三）、第三部分（附录五、六、七、八)；周瑞金撰写第二部分（专题报告四）、第三部分（附录四)；杜晓华撰写第二部分（专题报告五）、第三部分（附录一、二、三)；周建撰写第二部分（专题报告六)。

在撰写过程中，得到有关单位和个人的大力支持和帮助，参考了很多同志的著作和科技资料，在此一并致谢。

　　由于时间仓促，水平有限，不当之处在所难免，敬请广大读者批评指正。

作　者

2018 年 8 月

目　　录

目　录

第一部分　概　　述

2012年，教育部实施职业教育师资本科专业标准、培养方案、核心课程和特色教材开发项目（以下简称"职业教育师资本科专业培养资源开发项目"），从实践性、创新性、系统性等方面提出了开发的内容和具体要求。当前我国职业教育改革发展正处在重要战略机遇期，建设一支高素质专业化的教师队伍，对于提高技能型人才培养质量、完善现代职业教育体系、推动职业教育科学发展具有十分重要的意义。

河南科技学院承担了"园艺专业职业教育师资本科培养标准、培养方案、核心课程和特色教材研发"项目（VINE055）（以下简称项目）。按照项目工作要求，在项目办公室及专家指导委员会的支持指导下，课题组围绕园艺专业职业教育师资本科培养标准、培养方案、核心课程和特色教材研发等内容开展了深入调研。现将调研报告简述如下：

一、项目背景

随着经济全球化、教育信息化的快速发展，社会发展、经济转型、产业结构调整、人才市场需求等对职业教育人才培养提出了新的更高要求。面对新型工业化、城镇化、农业现代化、信息化对职业教育的新要求，要实现从人力资源大国向人力资源强国的发展目标，需要一大批有知识、懂技术的新型劳动者和技能型人才。党的十八大明确提出，加快发展现代职业教育。大力发展职业教育，是国家"十二五"规划纲要的新要求，是建设现代职业教育体系的中心任务，是人才队伍发展重要支撑，是推动经济发展方式转变的重要举措，也是《现代职业教育体系建设规划（2014—2020年)》提出的"2015年初步形成现代职业教育体系框架，2020年基本建成中国特色现代职业教育体系"总体目标的必然要求。

"十一五"以来，我国职业教育体系不断完善，办学模式不断创新，招生规模和毕业生就业率取得了可喜成效。根据《2012年全国教育事业发展统计公报》，2012年全国中等职业学校招生规模达到754.13万人，在校生达到2 113.69万人；高等职业院校招生达到310多万人，在校生达到1 200多万人。中等职业教育和高等职业教育规模，分别占到高中阶段教育和普通高等教育规模的"半壁江山"。然而，随着职业教育招生人数的增加和办学规模的持续扩大，中等职业教育师资数量不足、结构不尽合理、学历层次不高，尤其是高素质"双师型"教师短缺等问题依然突出。根据《2012年全国教育事业发展统计公报》，全国中等职业学校现有专任教师88.1万人，生师比约为24.19∶1，距教育部《关于"十一五"期间加强中等职业学校教师队伍建设的意见》提出的生师比16∶1目标还有较大差距。专业课教师的学历合格率较低的问题依然存在，全国中等职业学校专任教师队伍中专科及以下学历教师占23.3%；中西部地区专任教师学历合格率要低于全国平均水平；有的学校专业课教师的学历合格率只有2%～8%。长期以来，国家对加强中等职业学校教师队伍建设高度重视，取得了显著成效。但是，加强中等职业学校师资队伍建设和整体素质提高，仍然是加快职业教育发展和提高人才培养质量的一个重要内容。

　　没有一流的教师，就没有一流的教育；没有一流的教育，就培养不出一流的人才。要实现新形势下职业教育使命和发展目标，就必须以一支高素质的教师队伍为保障，进一步突出教师队伍建设的基础性、先导性、战略性地位。为全面落实全国教育工作会议精神和《国家中长期教育改革和发展规划纲要（2010—2020年)》，顺应职业教育加强内涵建设和提高办学质量的迫切需要，2011年教育部颁布了《关于实施职业院校教师素质提高计划的意见》、《关于"十二五"期间加强中等职业学校教师队伍建设的意见》，提出了以"双师型"教师为重点，建设满足培养高素质劳动者和技能型人才需要的职业院校教师队伍。2014年出台了《现代职业教育体系建设规划（2014—2020年)》，提出了"2015年初步形成现代职业教育体系框架，2020年基本建成中国特色现代职业教育体系"的总体目标。因此，建设一支高素质专业化"双师型"教师队伍，是提升教师实践教学水平和专业实践能力的有效途径，是当前职业教育发展的迫切任务。

　　2012年，教育部实施职业教育师资本科专业标准、培养方案、核心课程和特色教材开发项目（以下简称"职业教育师资本科专业培养资源开发项目"），从实践性、创新性、系统性等方面提出了开发的内容和具体要求。当前我国职业教育改革发展正处在重要战略机遇期，建设一支高素质专业化的教师队伍，对于提高技能型人才培养质量、完善现代职业教育体系、推动职业教育科学发展具有十分重要的意义。开展以提升教师专业素质、完善教师培养培训体系为主要内容的职业教育师资培养培训模式的改革与创新，加强职业教育师资的本科专业培养标准、培养方案、核心课程和特色教材等方面的研究，对提高教师队伍的整体建设水平，凸显职业教育师资培养特色，加快职业教育师资专业化培养步伐，提高职业学校教师整体素质具有重要的意义。

1. 加强职业教育师资培养是顺应职业国际化发展的需要

2005 年，"联合国教育促进可持续发展十年计划（2005—2014 年）"中指出，可持续发展教育（Education for Sustainable Development）属于每一个人。它包括终身学习、正规教育与非正规教育，从早期教育到成人教育、职业教育、教师培训、高等教育等，都可以进行可持续发展教育。它要求重新定位课程、教学、考试等教育方式。明确指出"教师使用多种不同的教学方法，促使学生形成可持续发展的理念。"

2008 年，联合国教科文组织在英国伦敦发布了《教师信息与通信技术能力标准》（The UNESCO ICT Competency Standards for Teachers，ICT 是 Information & Communication Technology 的简写）。2011 年，联合国教科文组织推出了第 2 版《教师信息与通信技术能力框架》。2008 年 3 月，在联合国教科文组织主持的 9 个人口大国教育部长级会议上，与会代表一致通过了《巴里宣言》，其中明确指出，"制定教师专业标准是提高师资队伍质量的战略性途径"。随之，研制教师专业标准成为世界各国共同关注的一个话题。欧盟于 2009 年发布了职业教育教师专业能力标准框架，建立包括管理、教学、专业发展与质量保障、人际合作等4 个维度，对每个维度的教师活动及应具备的知识、能力、素质提出了具体要求。

在教师专业化目标的推动下，许多国家都非常重视制定和完善职业教育教师的专业发展标准。职业教育教师专业发展标准是指规范或衡量职业教育教师专业发展活动的准则或尺度，反映了优秀职业教育教师专业发展的特征，是帮助职业学校及教师改善自己的专业发展工作、更好地促进职业教育教师专业发展的指南。新的学习者类型、学习方式、教学方法的产生，这都对教师应具备的能力提出了新的要求。新的教育技术（如信息通信技术）为我们提供了新的学习支持方式，因此新技术的应用，学习场所发生的巨大变化，这也同样对教师能力产生了新的要求。新技术所催生的新的工具、教学环境、教学方法等对教师的能力也需要新的阐释，提出了教师如何应对新的教学环境和教学工具？如何承担新的角色？这都要求在教师培养和培训中提出新的知识结构和能力标准。因此，开展教师能力标准的制定是适应新的教学需要的必然，是适应教育国际化发展的必然。

2. 加强职业教育师资培养是支持现代职业教育体系建设的需要 "十五"以来，党和国家更加重视职业教育，把发展职业教育作为经济社会发展的重要基础和教育工作的战略重点。国务院于 2004、2005、2014 年先后 3 次做出关于职业教育发展的重要决定，把职业教育放在更加突出、更加重要的战略位置，大力发展职业教育，特别是中等职业教育已经成为全社会的共识，职业教育进入了快速发展阶段。2014 年，国务院印发了《关于加快发展现代职业教育的决定》（以下简称《决定》），其中提出："到2020 年，形成适应发展需求、产教深度融合、中职高职衔接、职业教育与普通教育相互沟通，体现终身教育理念，具有中国特色、世界水平的现代职业教育体系"。《现代职业教育体系建设规划（2014—2020 年）》中明确指出，完善教师培养制度，加强职业技术师范院校建设。依托高水平学校和大中型企业建立"双师型"职业教育师资培养基地。探索职业教育师资定向培养制度和"学历教育＋企业实训"的培养办法。加强职业教育教师队伍师德建设，增强教师从事职业教育的荣誉感和责任感。

我国在社会经济发展进程中，提出了大力发展职业技术教育的战略部署。2005 年国务院做出了《关于大力发展职业教育的决定》（国发〔2005〕35 号）、教育部财政部也提出了《关于实施中等职业学校教师素质提高计划的意见》（教职成〔2006〕13

号）和《关于中等职业学校重点专业师资培养培训方案、课程和教材开发项目实施办法》（教职成〔2007〕6 号）等文件要求，对中等职业学校师资队伍建设起到了积极的作用。近年来，《国家中长期教育改革和发展规划纲要（2010—2020 年）》顺应职业教育加强内涵建设和提高办学质量的迫切需要，对职业教育师资的培养培训提出了新的更高的要求。2011 年，教育部颁布了《关于实施职业院校教师素质提高计划的意见》、《关于"十二五"期间加强中等职业学校教师队伍建设的意见》，提出了以"双师型"教师为重点，建设满足培养高素质劳动者和技能型人才需要的职业院校教师队伍。"十一五"以来，教育部实施了中等职业学校教师素质提高计划，进一步提高中等职业学校教师队伍整体素质和专业能力。

随着新型工业化、城镇化、信息化、农业现代化的推进和科学技术的发展，现代职业教育体系越来越成为国家竞争力的重要支撑。党的十八大关于加快发展现代职业教育的重大部署，制定了《现代职业教育体系建设规划（2014—2020 年)》，提出了"2015 年初步形成现代职业教育体系框架，2020 年基本建成中国特色现代职业教育体系"的总体目标。为落实教育规划纲要和《国务院关于加强教师队伍建设的意见》（国发〔2012〕41 号）精神，构建教师队伍建设标准体系，建设高素质"双师型"中等职业学校教师队伍，教育部制定了《中等职业学校教师专业标准（试行）》（以下简称《专业标准》）。《专业标准》以"师德为先、学生为本、能力为重、终身学习"为基本理念，从内容上充分彰显了"以人为本"的时代特征和突出实践的职业教育特色，从体系上明确了中等职业学校教师的基本要求和成长方位，有利于促进中等职业学校教师专业发展，有利于提高"双师型"队伍建设的质量，有利于指导中等职业学校教师培养和管理工作，有利于激励和引领中等职业学校教师自身的专业成长和可持续发展。同时，充分体现"以人为本"的时代特征，充分体现突出实践的职业教育特色，明确选拔教师的基本要求，明确中等职业教师的成长方位。

《现代职业教育体系建设规划（2014—2020年）》明确指出，要建立健全职业教育标准体系。加快制定符合职业教育特点、适应经济发展和产业升级要求的各类职业院校办学标准，完善各项标准的实施和检验制度。到2020年，有实践经验的专兼职业教师占专业教师总数的比例达到60%以上。加快发展现代职业教育，是促进教育公平、基本实现教育现代化和建设人力资源强国的必然选择，是培养数以亿计的高素质职业人才，促进就业创业，为建设人力资源强国和创新型国家提供人才支撑的重要保障。

3. 加强职业教育师资培养是满足经济社会发展对技能型人才的需要 中国劳动力结构已发生本质变化，劳动力无限供给时代正在结束。尚处工业化时代的中国劳动力市场，就业的主要去向仍是工业领域，对技能工人需求旺盛。在发达国家，技术工人占劳动力的比例高达75%，高级技工占技术工人的比例一般在30%～40%，中级技工占50%以上，初级技工只占15%。目前，我国城镇劳动者近2.6亿人，技术工人8 720万人，只占城镇从业人员的30%左右，且多数为初级技工，其中高级技工1 500万人，占技术工人的比例仅为17%；技师和高级技师360万人，占技术工人的比例仅为4%。我国目前技能型劳动力的比例偏低，仅占33%，其中高级工仅占13%。一线技术人才的缺乏已达50%。工业化发展到今天，技能型人才的局部短缺已经演变成普遍的供给不足。即使实现"十一五"末提出的高级技工水平以上的高技能人才占技能劳动者的比例达到25%以上的目标，与发达国家相比也有较大差距，不能适应我国社会经济发展的需要。

　　根据中国农民合作社信息网资料，全国农村实用人才占农村劳动力的比重仅为 1.6%，高层次创新型人才和农村生产经营型人才严重缺乏，农民培训项目的覆盖面还不到 5%。据中央农业广播电视学校的抽样调查显示，农民对种植业生产过程中最常见的良种、化肥、农药的基本知识和技能，仅有 1/3 左右能够"知道一些"，农村懂技术会经营的劳动力断档严重。有关专家指出，我国农业正在由传统农业向现代农业转型，但人才的短缺已成为阻碍其发展的"拦路虎"之一。研究资料显示，目前我国农业从业人员约为 3.1 亿人，其中初中及其以下文化程度者占 87.5%，高中及其以上文化程度仅占 12.5%。按照我国《现代农业人才支撑计划实施方案》，到 2020 年，选拔和支持培养 1 万名有突出贡献的农业技术推广人才、3 万名农业产业化龙头企业和农民专业合作社负责人、7 万名农业生产经营能手、3 万名农村经纪人。这些信息充分说明，在我国"用知识和技术来武装农民"仍然是一项十分艰巨的任务，因而探索如何开发农村人力资源，特别是农业科技实用人才的问题，则具有十分重要的现实意义。因此，加大现代农业职业教育发展力度刻不容缓。

　　4. 加强职业教育师资培养是促进产业发展的需要　随着人类生活水平的提高和生活条件的改善，园艺产业及产品在食物与休闲保健中的作用愈加重要，园艺产品已走进寻常百姓的生活。随着全球经济一体化进程的加快，以及发展中国家园艺生产技术水平的提高，园艺产业生产呈现由传统的欧洲等发达经济体向亚洲等新兴经济体转移的趋势，即产业"东移"。我国园艺产业无论在栽培面积还是生产总量上都已经位居世界第一，然而我国的园艺生产还存在着产品的国际市场占有率低、单产水平与园艺大国差距较大、质量安全水平较低等问题，如何应对国际园艺产业

"东移"带来的机遇和挑战，已成为我国园艺行业要面对的紧迫任务。产业竞争的核心是科技的竞争，科技竞争的关键是人才的竞争。国际园艺产业的"东移"也为我国园艺人才的培养提出了新的要求，尽快解决人才培养中"技能单一化、课程同质化、专业能力与岗位需求差异化"等问题，顺应我国园艺产业快速发展的新需求，加快培养适应现代园艺产业急需的劳动者和专业技术人才，推进我国园艺产业转型升级和园艺产品的国际竞争能力，已成为我国园艺教育一项紧迫的工作。

我国是一个劳动力资源丰富的国家，在以劳动密集型为主园艺产业方面具有较强的国际竞争力，而在技术和资本密集型方面缺乏国际竞争力。园艺产业在促进农村经济发展中的作用日益凸显，对加快农业经济转型升级、解决农村就业、缩小城乡差距发挥着积极作用。园艺产业在政府引导、企业带动、农业合作社经营的共同努力下，观光园艺、休闲园艺、社区园艺、家庭园艺等服务都市生活的园艺产业快速发展，消费水平不断提高。例如，全国城镇人口年平均消费鲜切花 3 枝，按全国人口计算人均消费不到 1 枝，个人消费人均不到 2 元。如果我国人均鲜花消费能力提高到人均 5 元，仅国内个人年消费总值就增加 37 亿元以上，所以国内花卉市场的潜力巨大。园艺要实现规模化经营、产业化生产、品牌化加工的现代化生产经营目标，这对从业人员素质也提出了更高的要求，对园艺教育特别是职业教育也提出了新的时代要求。

园艺产业实现现代化需要科技进步和人才支撑，发达国家园艺发展的科技贡献率超过 70%，而我国不到 40%。这在很大程度上与从业人员素质有密切关系。相关资料显示，我国园艺从业人员的专业技术水平及职业素质相对较低，具有较高的综合素质和扎实专业技能的比例偏低。2010 年，我国园艺产业从业人员中的专业技术人员比例为 10%，技术人员缺口 10.4 万人。2010

年仅广东佛山地区园艺花卉行业需要专科及以上毕业生 2 700 人。云南省花卉企业达 1 300 多家，花卉种植面积达 63 万亩[①]，从业人员达 22.6 万人，总产值超 232 亿元。目前，我国有 20 多所农林高校培养园艺方面专业人才，加上一些高职院校，每年培养学生不足 2 万人。毕业生进入园艺生产、加工、销售岗位的占 56%，进入事业单位的 15%。这些都需要加快我国园艺专业技能人才的培养与培训。例如，我国花卉企业有 21 000 多家，从业人员约 300 万人，其中技术人员不足 4%。到 2020 年，需要专业技术人员约 10 万人。总体来讲，从业人员整体素质偏低、专业技术人员占从业人员比例偏低、具有专业技术职称的人员比例偏低（三低），这些直接影响我国园艺产业的产业链延伸和产品竞争力的提升。加快面向产业的园艺职业技术教育，是提升园艺产业的集约化、现代化、国际化的迫切需要。

二、调研目的与意义

我国本科层次职业教育师资培养起步于 1980 年，经过几十年的实践与探索，取得了显著成效，形成了较为完善的职业教育师资本科培养体系。农业职业教育作为职业教育体系中的一个薄弱环节，如何提升农业职业教育在服务"三农"和新农村建设中的作用，农业职业教育师资队伍建设是关键。园艺是农业的重要组成部分，是现代农业的重要内容。随着现代农业的发展和园艺产业化水平的不断提高，培养一大批面向"三农"的技能型人才，是推进农业现代化的重要保障。

农业是国家发展的基础，现代化农业是我国现代化建设的重

---

① 亩为非法定计量单位，1 亩＝1/15hm^2。

要方面，也是工业化、城市化的重要支撑。园艺产业是激活农村经济发展、壮大农业产业规模、提供规模性就业机会、延伸产业链条的重要组成部分，是农民增收的重要途径。随着经济发展和人们生活水平的提高，园艺产业发展迅速，园艺在现代农业中的重要性日益凸显。新型园艺产业（花卉业、休闲观光园艺、设施园艺）蓬勃发展，传统园艺产业（果树、蔬菜、花卉）也步入重要的转型发展期，园艺产品的质量、安全、流通和可持续发展已成为人们关注的主题。一批新型现代化园艺企业正孕育而生，这些企业需要大批专业技能人才和管理人才。加快面向园艺产业的职业技术教育，是提升产业水平和产品质量的人力资源保障。

加快顺应现代园艺产业发展所需技能型人才的培养，对园艺职业教育师资提出了新的更高的要求。适应职业教育发展和提高办学质量的迫切需要，建设一支高素质专业化"双师型"园艺专业教师队伍，是当前职业教育发展的迫切任务。开展园艺专业职业教育师资本科培养标准、培养方案、核心课程和特色教材的研究与实践，提高园艺专业职业教育师资人才培养的质量，满足现代园艺产业化发展对人才的需求是破解以上难题的关键。加强职业教育师资培养水平是提高园艺产业专业技术人才的重要基础。

党的十八大提出，要"努力办好人民满意的教育"、"加快发展现代职业教育"。教育部原副部长鲁昕指出，现代职业教育是适应现代科学技术和生产方式，系统培养生产服务一线技术技能人才的教育类型。加快发展现代职业教育，建立现代职业教育体系，系统培养技术技能人才，是加快转变经济发展方式，实施创新驱动发展战略的重要基础，是推进经济结构战略性调整，发展实体经济的重要支撑，也是改善人民生活、增进人民福利和促进社会和谐稳定的重要保障，是实现工业化、信息化、城镇化、农业现代化同步发展重大战略工程。国家教育事业发展"十二五"

规划提出我国要尽快建立现代职业教育体系，完善职业教育体系结构。编制了《现代职业教育体系建设规划》，按照遵循规律、服务需求、明确定位、系统思考、整体设计、分类指导、分步实施的原则，完善职业教育的层次、布局和结构，健全制度、创新机制、完善政策，加快形成服务需求、开放融合、有机衔接、多元立交，具有中国特色、世界水准的现代职业教育体系框架，系统培养初级、中级和高级技术技能人才。教育部、财政部联合下发了《关于实施职业院校教师素质提高计划的意见》，适应职业教育师资培养，加强高等教育内涵建设、提高办学质量的迫切需要，进一步突出教师队伍建设的基础性、先导性战略性地位，系统设计、多措并举、创新机制、加大投入，以建设高素质专业化"双师型"教师队伍为目标，以提升教师专业素质、优化教师队伍结构、完善教师培养培训体系为主要内容，以深化校企合作、提高培训质量为着力点，大幅度提高职业院校教师队伍建设的水平，为职业教育科学发展提供强有力的人才保障。国务院印发了《关于加强教师队伍建设的意见》，教育部配套制定了《职业学校兼职教师管理办法》，为加强"双师型"教师队伍建设提供了制度保障。我们将进一步加强园艺专业职业教育师资培养培训工作研究，完善"双师型"教师队伍建设机制。通过本科园艺专业职业教育师资标准制定、培养方案、核心课程和特色教材建设等方面的开发研究。

通过调研，本项目将制定职业教育师资本科园艺专业教师标准和教师培养标准，研发园艺专业职业教育师资本科培养方案，开发园艺专业职业教育师资本科培养主干课程教材和数字化资源库，制定培养质量评价方案。项目研发工作拟实现以下总体目标：

（1）为教师培养培训提供标准，使之成为驱动教师专业发展的动力和引擎，有利于提高职业教育师资培养内容的针对性、培养方式的有效性、培养目标的可预见性、培养过程的规范性，体现本专业特色、提升教师能力素质，为园艺职业教育教师队伍建设提供支撑。

（2）为中职学校教师专业发展提供目标。以能力标准为教师业绩评价的重要尺度，有利于中职学校教师明确发展方向，促进教师专业能力发展。

（3）为中职学校教师的评价、教学水平评估提供评价依据，使之成为教师质量评价、教学能力评估的有效工具，有利于推进教师发展的过程管理和绩效管理。

（4）项目成果的推广与应用，对提高我国园艺专业职业教育师资培养质量，推动职业学校师资队伍建设，提高技能型人才培养质量，满足经济发展对现代园艺专业技能人才的需求，加快我国现代园艺产业发展和农业经济结构调整具有重要的指导作用。

调研报告提供客观现实的基础数据，为以后进行的职业教育师资本科园艺专业教师标准和教师培养标准、园艺专业职业教育师资本科培养方案、园艺专业职业教育师资本科培养主干课程教材和数字化资源库研发提供依据。

三、调研内容与方法

（一）调研工作流程

调研分为调研准备、调研实施和报告撰写 3 个阶段。调研工作流程如图 1-1。

（二）调研对象

调研对象主要包括开设园艺及相关专业的中等职业学校（以下简称园艺中等职业学校）、相关行政主管部门、园艺专业用人单位、专家以及本科职业教育师资培养高校五大类。

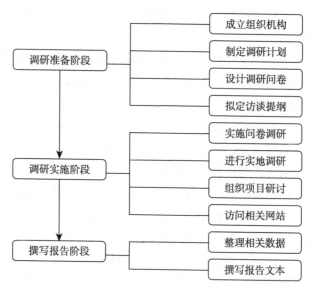

图 1-1　调研工作流程图

1. 园艺中等职业学校　调研对象涉及 30 个省、自治区、直辖市（除中国香港、澳门、台湾和西藏自治区）169 所园艺中等职业学校，具体学校名录见表 1-1。调研对象主要是园艺及相关专业课教师、管理人员和学生。

表 1-1　调研的园艺中等职业学校名录

北京市（6）		
北京市振华旅游学校	北京石景山古城旅游职业高中	北京市农业学校
北京农业职业学院中专部	北京市昌平农村职业学校	北京黄庄职业高中
天津市（4）		
天津市民族职业中等专业学校	天津市塘沽区中等专业学校	天津市旅游育才职业技术学校
天津市南开职业中等专业学校		

（续）

贵州（6）		
贵州省林业学校	贵州省遵义市旅游学校	贵州省安顺农业学校
贵州省遵义农业学校	贵州省畜牧兽医学校	贵州省黔东南州农业学校
江西省（4）		
南昌市第一职业中等专业学校	江西省樟树农业学校	江西省赣州林业学校
九江市职业中等专业学校		
山东省（5）		
淄博市张店第一职业中等专业学校	枣庄市薛城区职业中专	肥城市职业中等专业学校
菏泽职业技术中等专业学校	单县职业中等专业学校	
安徽省（2）		
安徽省黄山市中华职业学校	安徽省宿州农业学校	
陕西省（3）		
安康农业学校	陕西省农业机械化学校	陕西省榆林农业学校
宝鸡职业技术学院		
青海省（1）		
青海湟源畜牧学校		
宁夏回族自治区（1）		
宁夏农业学校		
浙江省（6）		
平湖市职业中等专业学校	临安市中等职业技术学校	宁波行知中等职业学校
温岭市职业技术学校	金华市婺城区九峰职业学校	天台县职业中等专业学校
重庆市（6）		
开县职业教育中心	重庆民政学校	重庆市农业学校
重庆市第二农业学校	重庆市万县农业学校	重庆市梁平职业教育中心

（续）

四川省（7）		
四川省农业机械化学校	自贡市旅游职业高级中学	四川宜宾农业学校
四川省达州农业学校	四川省林业学校	四川省南充农业学校
四川省温江农业学校		
广东省（4）		
梅州农业学校	肇庆市农业学校	广东省广州林业学校
惠州市农业学校		
广西壮族自治区（4）		
桂林市农业学校	钦州农业学校	广西林业学校
广西农业学校		
湖南省（4）		
安江农业学校	益阳农业学校	长沙农业学校
常德农业学校		
河南省（39）		
安阳县第一农职业高级中学	博爱县农业中学	南阳农业学校
河南省农业经济学校	驻马店农业学校	河南省林业学校
信阳林业学校	泌阳县中等职业学校	新县职业高级中学（职）
焦作市博爱县职业中专	内乡职业中等专业学校	信阳市十高
郸城县职业中等专业学校	平顶山市第四中学	虞城县第一职高
方城三职高	沁阳市职业教育中心学校	源汇中等专业学校
巩义市第三中专	孟州职专	正阳职高
鹤壁市淇县职业中专	确山县职业中专	郑州市管城中专
孔祖中等专业学校	商丘市第二职业中专	中牟县职业中等专业学
林州市经济管理学校	睢县职业教育中心	周口市淮阳县第一职高
临颍职业成人教育中心	汤阴县职业教育中心	周口市商水县一职高
灵宝职专	尉氏县二职高	驻马店经济开发区职业教育中心

（续）

栾川县职专（二职高）	襄县职业技术教育中心	新安县职高
山东省（7）		
寿光市第一职业中专	日照农业学校	昌潍农业学校
滨州农业学校	烟台农业学校	临沂农业学校
济宁农业学校		
江苏省（8）		
通州市农业综合技术学校	句容农业学校	徐州农业学校
江苏省海安农业工程学校	南通农业学校	扬州农业学校
苏州农业学校	盐城农业学校	
新疆维吾尔族自治区（3）		
新疆喀什农业学校	新疆农垦中专学校	新疆林业学校
云南省（5）		
云南省旅游学校	云南省林业学校	云南省玉溪农业学校
昆明市农业学校	云南省红河州农业学校	
上海市（4）		
上海市旅游服务职业技术学校	上海市南湖职业技术学校	上海市农业学校
上海市环境学校		
吉林省（6）		
吉林省农业学校	长春市农业学校	长春市农业学校
林业部白城林业学校	吉林省林业学校	吉林省农业机械化学校
黑龙江省（5）		
黑龙江省佳木斯农业学校	黑龙江省农垦林业学校	黑龙江省伊春林业学校
黑龙江省牡丹江林业学校	黑龙江省齐齐哈尔林业学校	
辽宁省（3）		
辽宁省铁岭农业学校	辽宁省农业工程学校	辽宁省林业学校
山西省（3）		
运城市第一职业中专学校	榆次市第一职业中专学校	山西省林业学校

（续）

河北省（2）		
石家庄市农业学校	邯郸市职业教育中心	
内蒙古自治区（4）		
内蒙古扎兰屯林业学校	赤峰农牧学校	内蒙古自治区农业学校
鄂尔多斯市农牧学校		
福建省（9）		
福建省宁德地区农业学校	永安农业职业中专学校	福建林业学校
建阳农业工程学校	福建省漳州市农业学校	
湖北省（2）		
湖北省襄樊农业学校	武汉市农业学校	
海南省（2）		
海口旅游职业学校	海南省农业学校	
甘肃省（3）		
兰州园艺学校	张掖地区农业学校	定西地区临洮农业学校

2. 园艺相关行政主管部门　走访了河南省农业厅、河南省教育厅、新乡市农业局、新乡市教育局、洛阳市农业局、郑州市教育局、鹤壁市农业局、焦作市农业局、濮阳市农业局等 29 个园艺相关行政主管部门。

3. 园艺专业用人单位　通过"2013 上海第十一届花卉园艺及园林景观博览会"、"2013 广州国际盆栽植物及花园花店用品展览会"、"2013 上海园艺工具展"、"2013 第二届河北温室材料设备及技术应用展览会"、"第二十届中国杨凌农业高新科技成果博览会"、"2013 中国林特产品博览会暨第十一届中国（合肥）苗木花卉交易大会"、"2013 中国（中部）节水灌溉及温室技术设备展览会"、"2013 第三届中国（郑州）绿博会"以及"第六届花卉交易会暨首届中国·夏溪花木节"等博览会对园艺用人单位进行调研，共 624 家单位参与调研，包括园艺设备及工具公司、花卉苗木公司、生态农业公司、园艺产品生产公司等园艺专业用人单位。

4. 专家 通过项目评审，多次获得评审专家（汤生玲教授、卢双盈教授、徐流教授、曹晔教授、张建荣教授）的建设性指导意见。通过项目研讨和咨询，得到了职业教育专家包括河南大学的曲耀华教授、于怀钦教授，河南师范大学续润华教授、李帅军教授，河南科技学院的王清连教授、申家龙教授、汤菊香教授，园艺专家西北农林科技大学王跃进教授、南京农业大学陈劲枫教授、章镇教授等 20 位专家教授的悉心指导。

5. 本科职业教育师资培养高校 对园艺专业本科职业教育师资培养高校河北科技师范学院、安徽科技学院、西北农林科技大学、江西科技师范学院、内蒙古农业大学等 5 所园艺专业本科职业教育师资培养高校进行走访或问卷调研。

（三）调研方法

主要采用了问卷调研法、网络查询法、实地考察法、研讨法等方法。

1. 问卷调研法 将全国分为东北（黑龙江省、吉林省、辽宁省）、西北（甘肃省、陕西省、青海省、宁夏回族自治区、新疆维吾尔自治区）、华南（广东省、广西省、海南省）、华东（上海市、江苏省、福建省、山东省、浙江省）、华北（内蒙古自治区、山西省、北京市、天津市、河北省、河南省）、华中（湖南省、湖北省、江西省、安徽省）、西南（四川省、重庆市、云南省、贵州省）7 个区域，在 7 个区域内随机抽样。

问卷调研法流程如图 1-2。共设计问卷 7 套，其中针对园艺中等职业学校设计了"园艺本科职业教育专业毕业生质量现状

调查”、"园艺专业中等职业教育师资专业能力期望调查问卷"、
"园艺（果蔬花卉生产技术）专业中职教师教学能力现状调查问
卷"、"中等职业学校对中职教师的教学能力期望调查问卷"和
"走访中职学校园艺专业调研问卷"5套问卷；针对园艺企事业
单位设计了"园艺（果蔬花卉生产技术）专业中职毕业生质量现
状调查"和"园艺（果蔬花卉生产技术）专业中职学生质量期望
调查"两套问卷（详见第三部分附录）。发放问卷总计3 653份，
收回问卷3 181份，收回率87.1%；有效问卷2 991份，有效
率94.0%。

图1-2　问卷调研法流程图

2. 网络查询法　通过网络查询收集了河南省、北京市、重
庆市等15个省（自治区、直辖市）2013年中等职业学校招生简
章，91所园艺中等职业学校的办学规模、招生就业、师资队伍、
专业设置等情况，以及园艺行业的发展现状。

通过全国职业培训教材网、精诚网、卓越、博库书城、当当
图书网等国内大的书库网站，以及中国教育网、人民教育出版
社、中国林业出版社、高等教育出版社、中国农业出版社、中国
劳动社会保障出版社、中国劳动出版社、辽宁科技出版社、化学
工业出版社等相关20余家出版社网站的查阅，收集了32套国内

公开发行的园艺专业教育教材目录。

3. 实地考察法 对有代表性 16 个省份 55 所园艺本科职业教育师资高校、中等职业学校及高职高专院校（从中等职业学校升格来的）进行了实地考察，主要有河北科技师范学院、西北农林科技大学、内蒙古农业大学、长春市农业学校、广西桂林农业学校、海南省农林科技学校、昆明市农业学校、石家庄农业学校、江苏农林职业技术学院、河南农业职业技术学院、宝鸡市职业技术学院、新疆林业学校等。

对有代表性的园艺企业进行了实地走访，主要有河南宏利集团、河南绿士达园艺工程有限公司等 9 家单位。

4. 研讨法 组织职业教育专家、园艺行业专家、中职园艺专业教师（主要是国家级骨干教师培训班学员）、中职园艺专业学生（结合实地走访进行）以及同类项目成员召开各种类型研讨会 50 余次，对职业教育师资本科园艺专业教师标准和教师培养标准、园艺专业职业教育师资本科培养方案、园艺专业职业教育师资本科培养主干课程教材和数字化资源库及培养质量评价方案等进行充分研讨。

通过电话、邮件共咨询职业教育专家、园艺行业专家、园艺行政主管部门、园艺中等职业学校主管部门、园艺企业 50 余人次。

（四）数据统计方法

采用层次分析法（AHP）和图表法进行数据统计分析。

四、调研成果

完成"园艺专业中职教育现状调查与分析"、"园艺专业中等职业毕业生质量现状调查与分析"、"基于 AHP 的中职学校园艺专业学生质量期望调查研究"、"影响中等职业学校园艺专业教师能力各因素调查研究"、"园艺专业本科职业教育毕业生质量现状调查与分析"和"园艺专业职业教育本科专业教材调查研究"6个专题调研报告。

第二部分　专题调研报告

一、园艺专业中职教育现状调查研究

随着我国社会经济的快速发展，城镇化进程正在加快，促使我国园艺行业也得到了长足的发展，社会对从事园艺专业技术人才的需求非常旺盛，这给我国的园艺专业教育提供了难得的发展机遇和挑战。中等职业的园艺教育工作担负着培养具备综合职业能力和全面素质的直接在生产、服务、技术和管理一线工作的应用型、创业型园艺人才的重任。因此，加强中等职业学校的园艺教育工作对于提高园艺专业的人才培养质量具有重要意义。

（一）调查目的与意义

通过对全国 91 所中等职业学校园艺专业教育状况的调查分析，找出现阶段阻碍我国中等职业教育园艺专业大力发展的关键问题，为园艺专业的中等职业教育今后发展提出合理的整改建议。近年来，我国处于大规模建设时期，对园艺专业的人才需求较大，而国内园艺专业的高素质劳动者资源较为缺乏。中等职业的园艺教育是培养工作在园艺行业前线的高素质、高质量劳动者的中坚力量。随着我国园艺业的快速发展，园艺行业对具有专业知识的高素质劳动力者的需求将大大增加，那么如何搞好现阶段园艺专业的中等职业教育工作，培养出更多的高素质劳动者成为当下园艺行业的重要问题。因此，对园艺专业中等职业教育现状进行调查分析，找出园艺中等职业教育中所存在的问题及其解决方法对园艺行业的发展进步具有重大意义。

（二）调查内容与方法

1. 调查的内容 全国 91 所中等职业学校的历史沿革、招生情况、在校生人数、毕业生数量、师资力量、专业课程设置、实习实训安排等。

2. 调查的方法 抽样调查，抽取全国范围内在园艺专业教育方面具有代表性的中等职业学校，通过问卷、走访等形式，搜集学校基本信息，发放问卷 314 份，回收问卷 301 份，回收率 95.8%；有效问卷 278 份，有效率 92.36%。

（三）结果与分析

1. 招生情况 我国园艺教育开始于 20 世纪中叶，而职业教育的兴起较之学科教育要晚一、二十年时间。最近十几年来，我国处于大规模建设时期，对园艺专业的人才需求较大，很多学校开设了相关专业。但各园艺职业学校的办学规模并不大，并且普

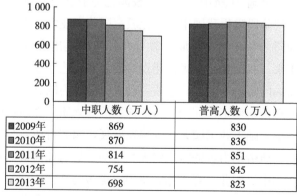

	中职人数（万人）	普高人数（万人）
■2009年	869	830
■2010年	870	836
■2011年	814	851
■2012年	754	845
□2013年	698	823

图 2-1　2009—2013 年全国中职和普高招生人数图

遍存在招生难的问题，园艺专业招生现状方面也不容乐观。在对所抽查学校及地区中职报考人数与园艺专业报考人数结果如图 2-1、图 2-2，由图 2-1 和图 2-2 可知报考中职学校的学生人数与报考普通高中的人数比例相差较大，随着大学扩招、"普高热"持续不减，给中职学校的招生工作带来了巨大冲击，而园艺专业学生占中职学生总人数比例不足 2%，说明园艺专业在招生过程中仍存在着很大的问题。

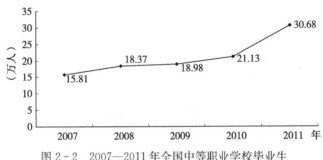

图 2-2　2007—2011 年全国中等职业学校毕业生
农林牧渔类专业学生就业数量图

2009—2013 年全国中职和普通高中招生人数详见图 2-1。中职招生人数逐年下降（来源于朱振国等《乡野朝阳——职业农民的思考》第 10 版，光明日报，2013 年 8 月 10 日）。

2007—2011 年全国中等职业学校毕业生十大类专业学生就业数量详见表 2-1（摘自《2012 年全国中等职业学校学生发展与就业报告》）。农林牧渔类学生就业数量逐年增加，详见图 2-2。

表 2-1　全国中等职业学校毕业生十大类专业学生就业数量（万人）

类别	2007 年	2008 年	2009 年	2010 年	2011 年
财经商贸类	28.7	31.62	37.39	52.19	51.18
加工制造类	98.75	128.64	133.25	141.79	133.15

（续）

类别	2007 年	2008 年	2009 年	2010 年	2011 年
交通运输类	16.47	17.74	22.14	26.2	27.55
能源类	7.34	6.24	7.98	5.95	6.77
农林牧渔类	15.81	18.37	18.98	21.13	30.68
土木水利类	13.44	12.79	14.39	13.07	15.65
文化艺术类	18.69	20.29	20.25	16.45	15.42
信息技术类	96.81	103.2	101.69	109.58	104.63
医药卫生类	29.68	31.7	36.54	41.07	41.69
资源环境类	6.18	3.17	3.97	4.8	7.76

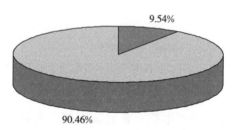

图 2-3　2012 年中职农林牧渔类专业招生人数占总人数比例图

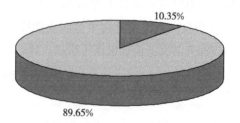

图 2-4　2012 年中职农林牧渔类专业在校人数占总人数比例图

2. 课程设置　我国已开展园艺职业教育的学校，在专业课程设置上尚无统一标准。各学校根据各自的条件和当地市场需求，在课程设置、培养目标等方面各不相同，水平相差各异。有的学校侧重于花卉，有的学校侧重于蔬菜或者果树。在课程设置中课时的比例方面，绝大部分学校的专业基础课占50％，专业课占40％，实践实训课占10％（图2-5）。实践实训课所占比例最小（只有少数学校实践实训课占有较大比例，如昆明市农业学校实践实训课比例达到40％），说明园艺专业的中等职业教育工作仍然存在重理论、轻实践的问题。

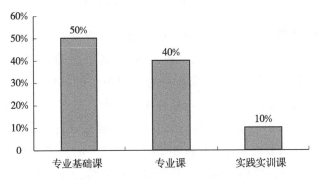

图2-5　园艺专业中职教育课时比例

3. 师资力量　随着国家对中等职业教育的重视，中职教师队伍也得到了飞速的发展，教师的数量和质量都得到了很大的提高，但仍不能满足现阶段园艺中职教育的发展需求。在教师数量上，仍然存在着很大不足，平均每位老师要教4～5门课，师生比例达到1∶22；在质量上，教师的素质水平仍有待提高，高级职称的教师只占20.5％，专业课与实习教师只占到56％，而"双师型"教师的比例只有13.2％，占专业课与实习教师的比例不足1/4（图2-6）。

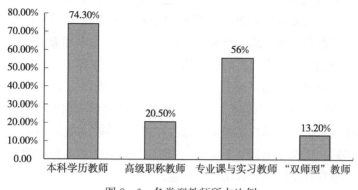

图 2-6　各类型教师所占比例

4. 经费投入　我国的中等职业教育经费只占全部教育经费的 10.36％，远低于国家、政府对于高等教育的投入比例 26.26％，也远远低于国家政府对普通中学等其他教育经费的投入比例 63.38％（图2-7），在中职教育经费收入中预算内经费占 57.3％，社会团体与公民个人办学经费只占到 4.3％，其他收入（如学生学费等）占 38.4％（图 2-8）。中职教育的经费来源不足、结构不均衡，其中社会团体与公民个人办学投入太少。

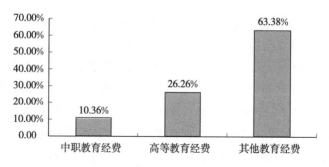

图 2-7　各种教育经费占国家总教育经费比例

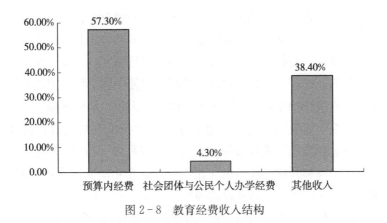

图 2-8　教育经费收入结构

（四）小结与讨论

1. 存在的问题及原因

（1）招生困难。大学扩招、"普高热"持续不减，给职业学校招生带来了巨大冲击。特别是处于中职教育中的农业类教育，呈现急剧萎缩的局面，很多中等职业学校的传统农业类专业正在慢慢消失，中职招生难的问题愈加严重，为了招生，老师们仍然要"磨烂嘴皮、撕烂脸皮、跑烂脚皮"。招生难的关键是职业教育缺乏吸引力，共同点是家长和社会对职业教育不了解、不认可。例如，学校派老师到村里挨家挨户做工作，最多的一户人家去了4次，才终于做通了家长的思想工作，同意孩子上职业学校。而教育部门及教育主管部门仍然存在重普通高中轻职业教育的现象，虽然中央提出大力发展中等职业教育，但是由于受到社会各方面因素的影响，地方教育主管部门仍然将重点定位在普通高中，教育部门也把初中毕业生升入高中的情况作为衡量办学水平的指标之一。例如，普通高中的扩招，一年年蚕食着职业学校的招生份额。例如，河南某县在全县5 500名初中毕业生中，被县里的 3 所普通高中招录了 5 000 名，剩下的 500 名学生，很多都外出打工了，能够被职业学校招至麾下的寥寥无几。因此，初中学校从来没有把进职校学技术作为教育目标之一，而只是把进入中等职业学校看做是不得已的选择，致使中职学校的报考人数较少，直接影响中职学校园艺专业的招生人数，从而下降。

影响中职吸引力的另一重要原因是学校没有树立自己的品牌，专业上没能形成自身特色。例如，许昌市全市 20 多所职业学校，99％都开设了计算机应用专业。这几年幼儿园老师紧缺，很多学校又都跟风申请开设幼师专业。园艺中等职业学校的发展只重视数量，不重视质量，近几年来中等职业教育发展很快，但在质量上没有出现质的飞跃。由于实习场所的限制，学校教育重理论、轻实践、重书本、轻操作，难以使学生形成熟练的专业技能和适应职业变化的能力，学生进入职校后，有相当多的学生没有真正地学到技术，有些号称上万人的职校培养出来的园艺专业学生毕业后只能从事一些简单的、无任何技术含量、凡是身体健全的人都能从事的劳动，严重影响到在校生的学习积极性。招生并轨以后，园艺中职教育招生人数急剧下降，很多中等职业学校只好改变办学方向，有的把主要精力放在办高中，有的大力开发工科类专业。

社会对园艺专业的认识不够，园艺这个既古老又新兴的行业，由于没有足够多的宣传工作往往被社会上的人所误解。例如，"园艺、园艺原始森林"，许多人对园艺的认识只停留在"种菜"、"养花"这样的层面上，导致学生学习园艺知识的积极性降低，报考园艺专业的学生减少。

以上这些问题的产生，造成了中等职业园艺专业学生就业难、学校招生难的局面。

（2）课程设置与教学方法有待改善。我国已开展园艺职业教育的学校，在专业课程设置上尚无统一标准。各学校根据各自的条件和对园艺教育的理解，在课程设置、培养目标等方面各不相同，水平相差各异。这样培养出的高级工人就业面窄，不能适应国际化的园艺产业发展要求。园艺专业是一门实践性很强的科学，这决定它不能仅仅局限于课堂教学，而应花大量的时间在实践这个广大的课堂上汲取知识，这样才能了解社会真正的需求，最终服务于社会；随着园艺领域越来越广阔，其任务不再限于研究、分析问题，还要求针对现实的不确定性，提出解决问题的可能方案。这些都要求教育过程中的大量实践实训教学。然而，由于种种因素的限制，中等职业的园艺教育工作在实践实训方面存在很大的不足。

（3）师资力量薄弱。作为园艺专业的教师，既要有扎实的理论知识，更要有熟练的专业操作技能；既要能动口，也要能动手；既要善讲，更要会做。由于职业中学教师中有相当一部分是普通高等院校新分配的毕业生，还有一部分是从普通中学调进来的教师，没有相关的专业技能，没有进行过实际操作。他们摆脱不出普通教育的教学模式，体现不出职业教育的特点。专业课教师比例偏低，教师专业技能水平和实践教学能力偏弱，中青年骨干教师及双师型教师缺乏现象依然突出。例如，安徽省中职农林类专业教师数量从 2005 年的 628 人增加到 2010 年的 749 人，生师比却从 64.71：1 提高到 80.78：1。生师比居高的问题仍然非常突出。

优秀人才难以引进，由于中国教育传统和人才观念中重研究型人才而轻视技能型人才的意识一直占据主要地位，导致人们不能客观地认识职业技术教育的重要性，轻视职业教育，对职业教育教师这种特殊人才缺乏应有的认识。此外，职业教育教师管理制度还待完善，我国现行的用人体制制约着优秀专业人才的引进，难以从非师范院校和企事业单位引进专业理论水平高、操作技能强、经验丰富的优秀人才，而且优秀人才的待遇问题难以解决。

（4）教育经费投入不足。园艺专业教育对实践实训要求较高，需要较多的训练场地和实习基地，并且职业教育比普通教育往往需要更多的投入。但是，由于严重的资金投入不足，相当一部分学校教学设施落后，连起码的实训条件都不具备。资金的来源不足主要体现在以下两个方面：

政府财政投入不足：教育部门及教育主管部门仍然存在重普通高中轻职业教育的现象，虽然中央提出大力发展中等职业教育，但是由于受到社会各方面因素的影响，地方教育主管部门仍然将重点定位在普通高中，这直接导致政府对中等职业学校的教育经费投入偏低，相应地在中职园艺专业教学的硬件设施及实践教学质量方面也得不到应有的效果。

社会力量投入不足：由于缺乏鼓励企业投入办学的机制，园艺企业投资园艺职业教育的积极性没有得到充分发挥，企业投资办学的功能甚至有不断弱化的趋势。园艺企业作为园艺职业教育的受益方，办学经费的投入增长较缓。

2. 解决的策略与途径

（1）加大政策引导力度。加大政策引导力度，为学生提供接受园艺职业教育良好平台。职业教育是"面向人人的教育"，却没有优惠政策予以保证。近些年，职业教育的招生普遍存在教育需求不足的现象，有些学校招生不足或招生后流失，反映出学生个人及家庭对中等职业教育的淡漠。世俗化观念还直接影响学生及家庭对中等职业教育信心，特别是对涉农类（如园艺）专业认识不足、兴趣不大、就业前景不看好、思想观念根深蒂固。在中等职业教育与普通高中的比较中，学生和家长对中等职业教育的认同都处于比较劣势的地位。《国家中长期人才发展规划纲要（2010—2020年）》提出，到2015年，农村实用人才总量达到1 300万人。到2020年，农村实用人才总量达到1 800万人，平均受教育年限达到10.2年，每个行政村主要特色产业至少有1～2名示范带动能力强的带头人。因此，只要国家政策到位、资金到位、学校的宣传到位、发展定位明确，中职学校就一定能走出为生存、为规模奔波的窘境，步入内涵发展、提升质量的新阶段，为区域经济发展做出更大贡献。

（2）改善课程设置，改革教学方法。依据园艺行业的发展需要，改善课程设置，园艺行业是一个发展迅速的行业，随着时代的发展，其思想理念在不断产生变化，若一味地停留在老的、旧的思想观念上，势必使园艺的职业教育跟不上时代发展，这将直接导致学生毕业后就业困难的局面。现代园艺中等职业教育课程设置需要以就业为导向，完成单一操作型向复合操作型、操作型向智能型、就业型向创业型、终结教育向终身教育的转变。课程设置的更新要随着经济发展的变化而相应地变化，体现职业教育为经济建设服务的根本宗旨。创建适合我国国情、满足高科技发展的园艺行业生产技术对人才规格要求的新型课程模式，既要保持具有实用性的理论基础，又要有较强的职业适应能力、熟练的操作技能。只有这样，才能有效地进行课程改革，达到课程改革的目的。

改革教学方法：创建新的园艺职业教育教学方法，使其适应园艺职业教育教学的规律和特点，构建能提高学生全面素质、培养学生创新能力和实践能力，体现以教师为主导、以学生为主体、以实践为主线的现代教学方法体系。园艺专业要求学生具有较高的实践能力，在教学计划中重视加强实践教学环节训练，而实践基地的建设是办好园艺职业教育的基本条件之一，培养园艺专业急需的掌握较先进技术、生产、管理的高素质人才，就必须有相应的实习场所，这是教学质量保障的一个基本条件。同时加强实践基地建设，强化学生操作技能，将缩短学生学习与就业岗位的距离，提高园艺职业教育的针对性和实效性。

（3）提高教师素质。加大园艺职业教育师资队伍培养基地的建设力度，保障师资来源：建立培训基地，培养培训园艺职业教育教师队伍，初步形成涵盖新教师培养、教师继续教育和校长培训等不同层次和类型的培养培训项目体系框架。通过建立职业教育师资培训基地，充分利用高等教育资源和各方面社会资源，加强园艺职业教师培养，使园艺职业教育师资队伍来源有可靠的保证。

完善在职园艺教师的培训制度，不断提高教师队伍的业务素质：为了适应科学技术进步和社会经济发展，教师仅从大学里进行职前教育是不够的，还必须在职进行学习培训，把在职教师培训看做是教师的义务和权利。

注重教学能力和专业技能的培养，塑造一支双师型的教师队伍：对未经过师资培训的园艺专业教师要进行专门培训，让其掌握教学艺术、手段、方法，提高教学能力；对现有专业课教师进行岗位培训，使他们掌握一两门技能；大量吸收有教学能力的社会或企业的优秀园艺工程技术和管理人员来校任教，建立一支有教师资格和园艺专业技术职务的"双师型"园艺教师队伍。通过双向交流、专兼职结合，迅速锻炼和培养一支高水平园艺职业教育教师队伍。

不断提高职业教育教师的社会地位和经济待遇，稳定教师队伍：为了稳定教师队伍，把优秀园艺专业人才吸引到职业教师队伍中来，国家必须加大财政投资力度，出台优惠政策，制定奖励措施，鼓励教师献身于教育事业中。

（4）增加资金的投入。落实政府作为园艺中等职业教育的主要投资方的责任：园艺中等职业教育属于"准公共产品"，教育的直接受益者，除了受教育者个人和接受毕业生就业的园艺企业外，社会则是最大的受益者，因此政府应当成为主要投资方。政府应提高对园艺职业教育的投入比例，建立教育经费转移支付制度和专项扶持制度，加强园艺实训基地建设，统筹区域内职业教育公共资源的配置和建设，加强监督和管理工作，调动社会各方力量共同参与园艺职业教育发展。

鼓励园艺企业对园艺中等职业教育的投资：园艺企业是园艺市场中最重要的主体，也是园艺职业教育发展中的受益者。园艺职业教育培养的学生既有学历文凭，又有职业资格证书，恰恰满足了园艺企业对就业者的职业资格和学历层次的要求。园艺企业对教育投资的预期收益可以划分为两个部分：第一，货币化的经济收益，如利润和提高生产率等。第二，非货币化的经济收益，如社会声誉、扩大企业知名度、为本企业职工提供福利性的教育资助等。因此，投资园艺职业教育对园艺企业的未来发展将创造一个巨大空间和潜在市场。中央和地方各级政府，应适时地制定鼓励和引导企业投资职业教育的政策，为工学结合人才培养模式创造有利的企业环境。

参考文献

高利兵，2013. 中职农林牧渔类专业可持续发展的对策研究［J］. 河南科技学院学报（4）：32 - 35.

刘玉华，刘奎，2010. 试论我国园艺职业教育的现状与教学改革［J］. 中国农业教育（3）：19 - 24.

刘育锋，2012. 论职业教育教师的职业属性［J］. 中国职业技术教育（11）：63 - 65.

罗树华，李洪忠，2010. 教师能力学［M］. 修订版. 济南：山东教育出版社：8.

陶佑强，梁桂，2012. 从社会学角度探析农业中等职业教育招生难问题［J］. 职业教育研究（8）：10 - 11.

王宏高，2008. 关于中等职业学校学生流失状况及去向的调查［J］. 职业教育研究（1）：55 - 56.

邢清泉，1986. 教学能力探讨［J］. 课程教材教法（3）：35 - 37.

张文杰，张文智，齐安国，2008. 浅析园林专业实践教学的重要性［J］. 农业科技与信息（5）：94 - 96.

赵艳立，2013. 中等职业教育经费来源结构不均衡研究［J］. 继续教育研究（2）：134 - 135.

周华，2011. 我国中等职业教育师资队伍现状及其建设［J］. 价值工程（2）：29 - 30.

二、园艺专业中等职业毕业生质量现状调查研究

人类社会已经进入知识经济时代，科学技术的发展日新月异，园艺产业也呈现多元化趋势。在高新科技的支撑下，生态农业、休闲观光农业、设施园艺均快速发展。《农业部关于切实做好 2014 年农业农村经济工作的意见》明确指出：把培养青年农民纳入国家实用人才培养计划，构建职业农民队伍，积极培养农业后备人才。为适应社会发展，园艺业需要大量具有较高素质和掌握一定技能的劳动者，这为我国园艺专业教育提供了难得的发展机遇。中等职业技术教育是培养合格劳动人才的重要途径。因此，了解当前园艺专业中等职业毕业生的质量现状，根据中等职业教育人才培养特点，提高园艺技术人才培养的质量与规格，培养更多的具备创新精神与实践能力的应用型技能人才，成为中职

园艺专业教育当前面临的一个重要研究课题。

（一）调查背景

目前，职业教育师资队伍数量不足，特别是"双师型"教师数量缺口较大、专业素质不高、培养培训体系薄弱等问题依然存在，还不能完全适应新时期加快发展现代职业教育的需要，与建设现代职业教育体系、全面提高技能型人才培养质量的要求还有一定差距。

2006年，我国《教育部和财政部关于实施中等职业学校教师素质提高计划的意见》（教职成〔2006〕13号）文件指出：实施专业骨干教师国家级培训；实施专业骨干教师省级培训；开发重点专业师资培养培训方案、课程和教材等计划。这是国家切实提高中等职业学校教师队伍的整体素质、优化教师队伍结构、完善教师队伍建设的有效举措。河南科技学院作为较早起步的国家级职业教育培训基地，承担了"职业教育师资园艺专业标准、培养方案、核心课程和特色教材开发项目"。通过项目的实施，将进一步规范职业教育师资培养过程，开发形成一批职业教育师资优质资源，不断地提高职业教育师资培养质量，更好地满足加快发展现代职业教育对高素质专业化"双师型"职业教师的需要。

（二）调查结果的统计与分析

1. 问卷发放情况　对于中职毕业生的质量调查，我们在中国土特产品博览会暨第十一届中国（合肥）苗木花卉交易大会、2013杨凌农高会——第二十届中国杨凌农业高新科技成果博览会、上海园艺工具展、广州国际盆栽植物及花园花店用品展览会等会议现场发放纸质问卷进行实地调查，并在行业内有影响的网站上进行网上有奖填写调查，在最大范围内调查到本项目的相关信息，发出纸质和电子问卷共计358份，收回316份，回收率为88.3%；有效问卷296份，有效率为93.4%。

2. 调查结果的统计与分析 我们对调查结果进行了认真地统计分析和数据处理，调查结果见图2-9。

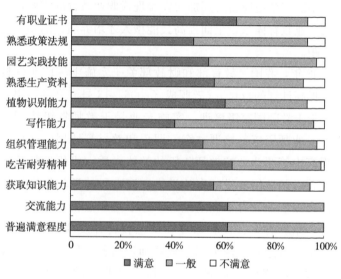

图2-9 用人单位对中职生能力的评价

（1）用人单位对中职毕业生的总体评价。调查结果显示，用人单位中有63%的人对中职生的综合表现较为满意。对中职生的基本素质较为肯定，特别是在吃苦耐劳精神、获取知识能力及交流能力上表现较为突出；在专业能力上，对中职生的普遍评价较高，在经过一段时间的培训后能够很好地适应相关的技术工作。

（2）用人单位对中职毕业生专业能力的评价。在对中职生专业能力的调查中，我们主要调查了中职生的植物种类识别能力、熟悉生产资料能力、园艺实践能力、熟悉政策法规能力、具有职业证书等 5 个方面。其中用人单位对中职生最不满意的是园艺实践能力，满意度仅为 46.48%；其次是熟悉政策法规能力，满意度也仅有 47.89%；较满意的有植物种类识别能力和熟悉生产资料能力，满意度均达到 55% 以上；用人单位对中职生具有职业证书最为满意，满意度达到 64.79%（表 2-2）。

表 2-2　用人单位对中职生专业能力的评价（%）

专业能力	满意	一般	不满意
植物种类识别能力	60.56	32.39	7.04
熟悉生产资料能力	56.34	35.21	8.45
园艺实践能力	46.48	36.62	2.82
熟悉政策法规能力	47.89	45.07	7.04
具有职业证书	64.79	28.17	7.04

（3）对中职生基本素质的评价。中职生的基本素质是专业能力和专业知识以外的，从事任何一种职业都必不可少的基本能力。当职业发生变化时，所具备的这一能力依然起作用，它将影响一个人一生，是每一个人不可或缺的生存能力。

在体现中职生的基本素质方面，我们主要调查了中职生的交流能力、获取知识能力、吃苦耐劳精神、组织管理能力及写作能力。由表 2-3 可知，用人单位对中职生的综合满意度（即满意与一般之和）都在 90% 以上，但在各项能力上表现出较大差异，其中对中职生吃苦耐劳精神的满意度最高，达到 63.38%；其次为交流能力，达到 61.97%；获取知识能力和组织管理能力表现中等，满意度分别为 56.34% 和 52.11%；中职生的写作能力表现最差，满意度仅为 40.85%。

表 2-3　企业对中职生基本素质的评价（%）

基本素质与能力	满意	一般	不满意
交流能力	61.97	38.03	0
获取知识能力	56.34	38.03	5.63
吃苦耐劳精神	63.38	35.21	1.41
组织管理能力	52.11	45.07	2.82
写作能力	40.85	54.93	4.23

　　（4）用人单位挑选中职毕业生时主要看重的能力。由图 2-10可以看出，用人单位在挑选中职毕业生时，普遍认为是否为学生干部和学习成绩的名次并不重要，在统计的 8 项能力中，它们分别排在倒数第一和第二位。相比，用人单位非常看重学生的综合素质、实践经历和社交能力，它们占据了被统计 8 项能力中的前 3 位；其次是思想品德、协作能力及管理能力。可见，用人单位在选人上已经从看中个人的专业能力转变到看重其发展潜力上。

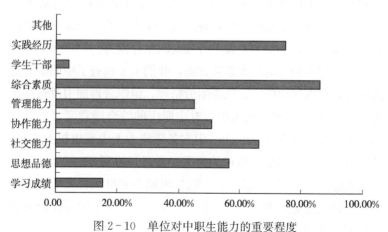

图 2-10　单位对中职生能力的重要程度

(三) 问题与思考

通过用人单位对中职生基本素质、专业能力及最看重能力的调查与分析,我们发现以下问题:

1. 中职教育园艺专业培养目标存在一定的偏差 目前,中职教育学校园艺专业的培养,大多侧重于学生植物种类识别和熟悉生产资料能力的培养,积极鼓励学生考取各种专业技术职业证书,而忽视学生园艺实践能力的提高,以及园艺相关政策法规知识的教育。这虽然在短时间内提高了学生的就业率,但对学生个人的长期发展是不利的。

反映在我们的调查中,从专业能力调查满意度看,用人单位对中职生的园艺实践能力最不满意,对熟悉生产资料能力和植物种类识别能力等单项技术能力较为满意。大多数用人单位在聘用中职毕业生时注重看他们是否具有专业技术职业证书,仅把他们当作具有一定专业知识基础的工人来用。因此,在学生培养中,不仅要注重理论知识学习,更要注重学生园艺实践能力和熟悉园艺专业政策法规能力的培养,使学生具备全面的、综合的职业能力,以适应社会的发展趋势,为学生拓展更广阔的就业前景。

2. 中职毕业生的基本素质存在较大缺陷 从对中职毕业生的基本素质调查来看,用人单位对中职毕业生写作能力的满意度最差,对获取知识能力和组织管理能力较为满意。目前国内大多数中职学校只注重专业教育,而忽略学生的基本素质教育。出于受师资力量和办学条件的影响,很多人仍然存在认为学好专业知识就可以解决一切问题的思想。现代社会经济快速发展,对每个人的基本素质提出了更高的要求,现实中人们发现具有较高的个人素质往往比具有高深的专业能力更能融入日常工作。因此,在学生培养中，不仅要注重专业能力培训，还要通过改善办学条件和提高教师教学水平来提高学生的基本素质，使学生具备较高的职业素质，以适应社会的发展。

（四）小结

（1）在中职毕业生所具备的专业能力中，用人单位对中职生具有职业证书的满意度高；其次是植物种类识别能力和熟悉生产资料能力；但对中职毕业生所要掌握的园艺实践能力最不满意。

（2）在中职毕业生的基本素质中，用人单位对中职毕业生吃苦耐劳精神的满意度最高；其次为交流能力；获取知识和组织管理能力表现一般；对中职毕业生的写作能力满意度最差。

（3）在中职毕业生的关键能力中，用人单位非常看重学生的综合素质、实践经历和社交能力；其次是思想品德、协作能力及管理能力，用人单位普遍认为是否为学生干部和学习成绩的名次并不重要。

综合以上 3 个方面，今后在中职生教育中，在侧重学生理论学习的同时，还应加强学生实践和写作能力的提高，从而提高学生的综合素质，使其更好地适应社会。

参考文献

蒋跃贵，2012. 谈中等职业学校园艺专业技能型人才的培养（增刊）［J］. 职业教育研究（6）：33 - 34.

祁玉玲，2012. 中专园艺专业实践课创新教学的思考［J］. 科教文汇（12）：61.

田妹华，2010. 构建"以生为本"的中职园艺专业课程体系［J］. 现代农业科技（2）：15 - 16.

田妹华，2010. 就业导向下中职园艺技术专业的课程改革［J］. 江苏技术师范学院学报（4）：71 - 72.

田妹华，2011.中职园艺专业学习领域课程开发方法与实践［J］.职业教育研究（11）：51 - 52.

钟学军，2013.试论职专园艺专业实践教学的创新与实践［J］.现代园艺（3）：20.

三、基于 AHP 的中职学校园艺专业学生质量期望调查研究

（一）调查目的与意义

人类社会正在进入知识经济时代，需要大量具有较高素质和掌握一定技能的劳动者。发展中等职业技术教育是培养知识经济时代需要合格劳动者的重要途径，而其中师资培养是中等职业学校学生质量高低的关键。因此，根据中等职业教育人才培养特点和社会就业实际状况，借鉴国外先进的职业教育经验，研究我国中职教育师资培养模式及师资培养体系，培养更多"双师型"优秀中等职业学校教师，是一个重要的研究课题。

随着我国社会经济不断发展，城市化进程正在加快，这给我国的园艺专业教育提供了难得的发展机遇和挑战。一方面，社会对从事园艺专业技术人才的需求非常旺盛；另一方面，社会急需的具有园艺设计、施工及管理等技能的实用性专业人才奇缺。中等职业学校是培养园艺技术人才的重要阵地，加强中等园艺职业教育的师资培养对于提高人才培养质量具有重要意义。

本研究将为下一步制定职业教育师资本科园艺专业教师标准和教师培养标准，研发园艺专业职业教育师资本科培养方案，开发园艺专业职业教育师资本科培养主干课程教材和数字化资源库以及制定培养质量评价方案发挥重要作用。

（二）调查内容与方法

1. 建立学生质量评定模型 将影响中职园艺专业学生质量综合能力相关因素（基本能力、专业技能、专业理论知识三个方面）作为二级指标，每个二级指标下再设 4～5 个三级指标（详见结果与分析）。

2. 调查对象 通过"2013 上海第十一届花卉园艺及园林景观博览会"、"2013 广州国际盆栽植物及花园花店用品展览会"、"2013 上海园艺工具展"、"2013 第二届河北温室材料设备及技术应用展览会"、"第二十届中国杨凌农业高新科技成果博览会"、"2013 中国林特产品博览会暨第十一届中国（合肥）苗木花卉交易大会"、"2013 中国（中部）节水灌溉及温室技术设备展览会"、"2013 第三届中国（郑州）绿博会"以及"第六届花卉交易会"等博览会对园艺用人单位进行调研，共 624 家单位参与调研，包括园艺设备及工具公司、花卉苗木公司、生态农业公司、园艺产品生产公司等园艺专业用人单位，共发出问卷 624 份，收回 445 份，回收率为 71.3%；有效问卷 411 份，有效率为 92.4%。

3. 数据处理方法 将期望值设为 4 个等级，分别为最重要、比较重要、不太重要和最不重要，采用层次分析法（AHP）进行分析。

（三）结果与分析

1. 基本能力因素 从图 2-11 中我们可以看出，在基本能力各因素中，基本上分成了两个梯度。学习能力和沟通交流能力期望值较高，属于第一个梯度，其中学习能力期望值为 0.376，属于最高；而组织管理能力和微机操作能力期望值较低，属于第二个梯度，其中微机操作能力期望值为 0.113，属于最低。

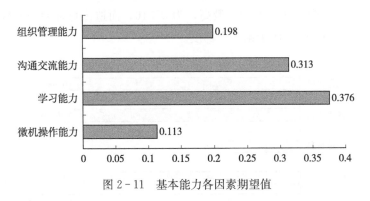

图 2-11　基本能力各因素期望值

2. 专业技能因素　从图 2-12 中我们可以看出，在专业技能各因素中，基本上分成了 3 个梯度。繁殖栽培、产品营销和花艺设计三种技能期望值较高且比较接近，属于第一个梯度，其中繁殖栽培期望值为 0.296，属于最高；而保鲜加工技能期望值为 0.146，较次之，属于第二个梯度。作物育种期望值仅为 0.012，属于最低。

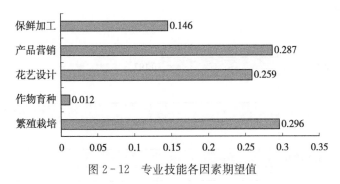

图 2-12　专业技能各因素期望值

3. 专业理论知识因素　从图 2-13 中我们可以看出，在专业理论知识各因素中，基本上分成了两个梯度。政策法规、园艺设施和植物生理三因素期望值较高且比较接近,属于第一个梯度,其中政策法规期望值最高,为 0.316;而遗传育种期望值较低,为 0.095,属于第二个梯度。

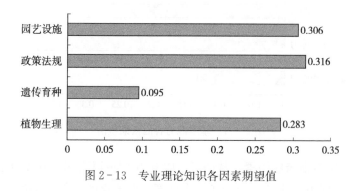

图 2-13　专业理论知识各因素期望值

4. 综合能力因素　从图 2-14 中我们可以看出,在综合能力各因素中,期望值由高到低依次为专业技能、基本能力和专业理论知识,期望值分别为 0.418、0.385 和 0.197。专业技能和基本能力期望值比较接近,而专业理论知识期望值明显低于上述两者。

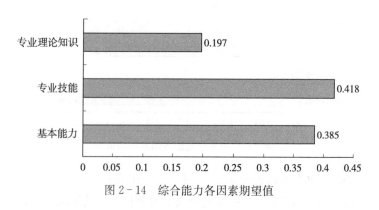

图 2-14　综合能力各因素期望值

（四）小结与讨论

1. 行业对中职从业人员的需求现状

（1）对从业人员基本能力的需求。从结果与分析中可以看出，行业对中职从业人员的学习能力和沟通交流都有比较高的期望值。这说明，在当代的园艺行业中，知识日新月异，以前的知识已经远远不能满足工作岗位的需求，需要从业人员在工作实践中不断学习、不断提高、不断进步。同时，人生活在社会中，沟通交流也非常重要。这是新时期、新工作模式、新工作环境下的必然要求。

而作为基本技能的微机操作能力，期望值却不高。作者认为造成这样的原因，一方面是因为企业对中职生在微机操作能力上要求并不高；另一方面现在电脑非常普遍，中职生微机操作能力一般都能适应工作的需要。

（2）对从业人员专业技能的需求。从结果与分析中可以看出，行业对中职从业人员繁殖栽培、产品营销和花艺设计3种专业技能期望值都较高，这说明中职从业人员主要从事的岗位和上述三者有关。而作为作物育种，中职从业人员需求较少。这为中职课程开发、本科职业教育师资培养改革提供了数据支撑。

（3）对从业人员专业理论知识的需求。从结果与分析中可以看出，行业对中职从业人员政策法规、园艺设施和植物生理的专业理论知识期望值较高，而目前的教学计划中，对于有关政策法规的课程却很少。这是学校教育与行业需求脱节的表现之一。

（4）对从业人员综合能力的需求。从结果与分析中可以看出，行业对中职从业人员在综合能力因素中，专业技能期望值最高，而专业理论知识期望值明显较低。由此可见，在工作岗位中专业技能的重要位置。同时，也可以看出，职业技术教育并不需要追求知识的系统性，而应该讲求知识的实用性和实践性。

2. 存在的问题

（1）人才培养重点不同。从以上数据中，我们可以发现，一些我们在校园中比较重视的能力，如学习能力等，在行业中从业后，其受重视程度同样较高。而另外一些在学校中，我们感觉影响并不那么明显的能力，在行业中却受到了相当的重视，如沟通交流能力。从这样的现象中，我们可以看出，学校与行业中沟通不足，学校培养与行业需求之间存在差距，出现过渡不良，甚至脱节现象。一些在学校中学习成绩一直不错的学生，在行业中往往不能继续其良好的表现，甚至不能适应行业的需要；同时另一部分在学校中考试成绩不尽如人意的学生，却能在实际工作中如鱼得水。这样的反差，从一个角度体现了学校与行业间的沟通不足，导致学校培养与行业需求不能很好地连接起来。

（2）教学改革相对滞后。通过以上数据，联系现实情况，我们可以发现，学校与行业的沟通不足还体现在教学的改革上。现阶段，我国的社会和经济发展速度是相当惊人的，这就导致在社会建设中急需大批专业技术过硬的各类人才。但是，我国教育改革往往滞后于社会需求，通常是当某专业人才的需求已经明显不足时，学校才开始进行相对应的教学体制改革，这不免造成人才培养的落后，不能满足市场需求。甚至，由于人才培养的滞后，使具备某方面专长的人才在步入社会时，市场对其专业的需求已经趋于饱和，这必将导致一批人才无用武之地，只有重新学习其他知识，以适应社会需求，甚至具有相当水平的专业人员只能做一些推销之类的职位。这样的情况不仅使学校教育无法充分发挥其作用，甚至可能导致恶性循环。

（3）实践实训不足。从以上数据中，我们可以发现，行业对专业操作技能的需求普遍高于对理论知识能力的需求。但是，在学校中，由于种种因素的限制，学生的专业实践课程安排往往不能满足要求。学校在教学期间安排的多为单个的实验课程，学生在实验课中可能学会掌握某一项技术，但是在实际的工作中，学生需要的是一整套的知识应用体系，这是学校实验课上无法满足的。因此，造成了学生从学校步入社会后，发现自己很难将学校学到的东西很好地应用到实际工作中去这样的现象。现在，学校的应届毕业生往往遇到这样的问题，这也在一个侧面，体现了学校教育中实践教育安排的不足。

3. 解决的策略

（1）加强学校与行业的沟通。加强学校与行业的联系，不仅仅是某个老师与某家企业的联系，而应该加强整个专业与行业中各类企业的联系。不同的企业有不同的发展和经营方向、不同的业务专长。加强学校与整个行业的联系，可以给学校提供全面了解行业现状的机会。同时，加强学校与整个行业的沟通，也可以为学校提供更广的选择空间，与学校的现实情况相结合，为学生提供更多的实践操作，观摩机会。学校老师长期处于教学环境中，很多情况下，对于实际的生产实践也会有所生疏，而通过与行业的沟通，不仅给予老师重新了解实践技术的机会，也让学生更近地了解生产第一线、了解生产实践的现状。

（2）改善实践环节。在学校条件有限的情况下，合理配置学校资源，同时利用与行业的沟通机会，将实践环节的安排合理化、分散化。在学生对实践课程的普遍参与下，组织有某项专长的教师，带领有该专长发展意向的学生到该项目的强势企业中，进行二次学习，深入学习，为学生提供发展自己特长的条件和机会。

学校的实践条件毕竟有限，因此学校可以对实践环节的安排进行调整，对一些联系较强的实验环节，可以进行调整，尽量进行连续的实验，或安排以实习的形式，甚至可以将相关课程的实验课程安排在一起进行。在实际工作中，我们面对的问题往往是综合性的，不是靠单一的知识和技能就可以解决的。因此，在学校实践安排上，应该进行相关课程实验环节的综合化，力求在学校教育期间，可以让学生形成初步的解决问题的思路，这将大大提高学生进入社会后，适应社会工作的效率。

（3）加强对行业发展的关注。学校应加强对行业发展的关注，关注高新技术、发展趋势，在不同的时期，及时判断行业发展前景，对学校的工作教学安排做出微调。信息时代，社会经济的发展速度大大加快，科技发展日新月异，只有提前抓住社会行业发展的脉搏，才能在市场竞争中占据有利位置。

（4）加强"订单式"教育。学校在教学期间，要加强与行业的联系，发现行业的需求，甚至可以与一些企业签订合同，有目的有计划地调整教学计划，为行业提供专项技术过硬的急缺人才，实现学校教育与行业需求的零过渡，完成向"订单式"教育的转化。

就业是检验职业院校办学成果的重要指标，所培养的学生离校后能否具备直接上岗的能力，是教育质量的关键所在。这就要求我们必须从职业分析入手，以学生核心职业能力为导向，要更多地把用人单位的需要、用人部门对学生的评价作为指标，要突破原有的、不适合职业教育的教学模式，开发多元化课程，如开设必修课、选修课等。就业形势仍呈现"三高一低"的新特点，最直接的原因在于学校采用定单式的培养模式，从企业获取人才需求订单，为企业"量身定做"培养技能型紧缺人才，确保供需零距离对接和学生就业与企业用工一体化。

（5）加强精尖教育。我国的大众教育已经基本普及，大家接受高等教育的机会也大大增加。但是，我国学校教育的发展毕竟有限，还不能满足对每个学生都能因材施教的要求。因此，在学校教育中，学校可以进行部分化的精英教育。对学校的优势学科、强势学科，要加大投入，对某专业甚至是某专业中的某项技能进行精英式教育，为有这方面特长或者发展要求的学生提供发展的空间和条件。

参考文献

陈家颐，2010. 论高职实习基地的规范化建设 [J]. 教育与职业 (9)：14 - 16.

陈腾波，2012. 中德职业教育综合职业能力开发的比较研究 [D]. 天津大学 (3)：12.

陈燕，2010. 浅谈中职生职业能力培养 [J]. 中国科技信息 (2)：86.

陈志刚，2011. 中职学校职业指导的现状与对策研究 [J]. 职业教育研究 (4)：31.

冯晶晶，2006. 高等职业技术学校职业指导问题研究 [D]. 华中师范大学 (8)：42.

龚惠娟，2010. 国外职业教育发展现状及对我国的启示 [J]. 井冈山学院学报 (6)：117 - 118.

黄辉，2006. 中等职业教育的昨天、今天和明天 [J]. 中国发展观察 (8)：9 - 11.

金慧峰，2012. 国外职业教育中的创新教育及启示 [J]. 职业教育研究 (2)：174 - 175.

刘梅，2009. 建立实习基地 拓展教学空间 [J]. 职业教育论坛 (11)：37.

刘双魁，刘小妮，等，2012. 关于我国中等职业教育现状及发展的探析 [J]. 中外健康文摘 (9)：1229 - 1230.

刘小芹，2012. 订单式人才培养的基本条件和实施效果 [J]. 中国职业技术教育 (4)：32 - 34.

鲁珀特·麦克莱恩，2012. 动手：技术和职业教育的重要性 [J]. 中国青年科技 (5)：31 - 32.

牟华淑，2010. 职业教育的发展要与社会发展同步 [J]. 西藏科技 (10)：

38－39.

谢伟，2008. 对中等职业教育发展的几点思考［J］. 职业技术（11）：7－8.

辛晖，2013. 提高中职生实践动手能力［J］. 考试周刊（8）：37－39.

徐国庆，2009. 实践导向职业教育课程研究［D］. 华东师范大学（4）：33.

徐虹，高彤，2008. 浅析中等职业教育改革的途径［J］. 经济研究导刊（5）：189－190.

余小英，2009. 中职生校外实习实训教学管理探索［J］. 化工职业技术教育（7）：36－39.

张秉钊，2012. 校企合作"订单式"人才培养模式的实践探索［J］. 高教探索（4）：72.

张云华，江文涛，等，2011. 我国中等职业教育发展现状与对策［J］. 职业教育研究（3）：32－34.

四、影响中等职业学校园艺专业教师能力各因素调查研究

随着社会的发展、科技的进步，市场对职业教育所培养的人才提出了更高、更多的要求。因此，专业教师教学能力不仅是影响学生能力发展的关键因素之一，也是决定教育教学效能的重要条件。

2006 年，中等职业学校招生规模达到 750 万人，在校生规模突破 1 700 万人，再创历史新高。目前，参加教育部等六部门组织的"制造业和现代服务业技能型紧缺人才培养培训工程"的职业院校已达 1 000 多所，企业达 2 000 多家，覆盖学员超过 300 多万人。但从总体上看，职业教育特别是中等职业教育仍然是我国教育事业的薄弱环节，发展不平衡，投入不足，办学条件较差，办学机制及人才培养的规模、结构、质量还不能适应经济社会发展的要求。

本研究采用抽样调查的研究方式,分析我国园艺专业中等职业教育的规模和现状,收集教师群体数量、结构、发展趋势等技术参数,以推断总体情况,从而认识总体的特征和规律性。通过问卷调查,对在岗教师和用人单位进行抽样调查,收集教师能力要求方面的有关信息,为能力标准的开发提供技术参数支持。

(一)调研方法及调研对象

从 2013 年 4 月至 2013 年 11 月,先后通过参加 2013 中国锦州世界园艺博览会、中国园艺学会观赏园艺 2013 年学术年会、第三届广西园林园艺博览会等专业会议,征求了 200 多名专业人士意见和建议,实地走访调研了宝鸡市职业技术学院、榆林林业学校、西安职业技术学院等 15 所学校,详细了解了教学、专业建设、教师能力要求等方面的情况,收集了大量资料。

另外,通过信函调研了北京市、天津市、江苏省、黑龙江省、吉林省、湖南省、湖北省、山东省、四川省、云南省、甘肃省、新疆维吾尔自治区等地近 40 所中等专业学校,以及河南省新乡市、郑州市、林州市、洛阳市、许昌、沁阳、滑县、辉县等地的 20 多所中等职业学校管理人员、专业教师、毕业生、园艺生产销售企业的专业技术人员。

此外,在河南科技学院国家级职业教育师资培训基地开展全国职业教育师资骨干教师培训期间,与第三期骨干教师培训班的50 多名学员进行了研讨交流,广泛征求他们的意见和建议。还利用网络信函调研,对在河南科技学院培训的国家级第一、二期骨干教师培训班学员进行了问卷调查。

调研期间,共发放问卷 1 500 多份,收回 1 300 多份,调查内容和范围具有很强的代表性。这些为标准的制订奠定了良好的基础。

（二）技术路线流程

深入学习教育部文件精神和项目要求

↓

制订研究计划（包括实施方案、人员、时间、路线等）

↓

制订调研方案分解任务（包括调研方法、问卷设计、实施措施等）

↓

项目组与有关专家研讨（调整调研方案）

↓

实施调研走访、收集相关数据资料

↓

数据统计、分析，撰写调研报告

↓

研讨存在问题、补充调研内容

↓

调研结果整理

↓

撰写调研报告

（三）结果统计与分析

运用 20 世纪 70 年代中期由 Saaty 正式提出的层次分析法（analytic hierarchy process，简称 AHP），对调研结果进行了系统分析。层次分析法是一种定性和定量相结合的、系统化、层次化的分析方法。由于它在处理复杂的决策问题上的实用和有效性，很快在世界范围内得到重视，它的应用已遍及教育、经济计划和管理、能源政策和分配、行为科学、军事指挥、运输、农业、人才、医疗、环境等领域。

1. 调研学校基本情况　办校历史在 10 年以下的占 5.8%、办校历史在 10～30 年的 27.9%、办校历史在 30 年以上的占 66.3%。其中学校有园艺及相关专业的占 88.9%，没有园艺专业的占 11.1%。

2. 教师教学能力各因素比较分析 结果分析显示，大家对教师教学能力不同因素的要求和期望程度有较大差异（图 2-15）。普遍认为，教师的教学组织能力是中等职业学校教师应首先具备的素质。这与现实中对教师的要求"能组织好学生上课就能上好课"现象相一致，这也为教师能力标准制定中加强教学组织能力提供了依据。

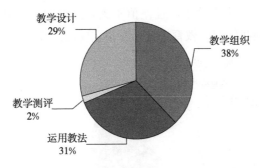

图 2-15 教师教学能力要素分析

在教师教学能力因素中，教学组织能力因素所占的期望值最大，其次为运用教法能力，再次为教学设计能力，教学测评能力的期望值最低，仅为 2%。运用教法能力与教学设计能力两者之间的期望值数值相差较小（2%），这说明教学设计能力与运用教法能力处于同等级别。教学测评能力的期望程度最低，说明其在教学能力各因素中处于最不重要的级别。

3. 教师基本素质各因素比较分析 由图 2-16 可知，在教师基本素质各因素中，职业道德因素所占的期望值最大（62%），人文素质因素次之（21%）。团队合作、教育心理、教育法规因素三者之间期望值普遍较低，尤其是教育心理因素与教育法规因素分别仅占 5% 和 4%。在教师基本素质各因素中，职业道德因素起主要的作用，这反映了在当前市场化经济的大背景下，人们对教师这一崇高职业"出污泥而不染"精神的一种期盼，这也与我们教育界一直提倡的"师德"是教师必备的首要要素是高度一致的。"树人先树德"为我们职业教育师资本科人才培养标准和培养方案的制定指明了方向，占据一定比重的人文素质因素，说明人们对职业教师内在"涵养"的需求，期望教师是"全面发展的人"，这也是社会进步的反映。其他 3 个因素在教师的基本素质因素中所占比重较小，且差值不大，这说明三者处于同一级别，在当前我国职业教育中处于不很重要的位置。

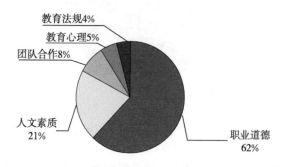

图 2-16　教师基本素质要素分析

　　4. 教师基本技能各因素比较分析　　由图 2-17 可知，在教师基本技能因素中，影响力最大的是语言表达能力，其次为学生管理能力，再次是科研能力，最后是微机操作能力。说明在教师的"传道、授业、解惑"中，教师的语言表达能力对于学生知识的获取和能力的培养至关重要。在中职教育中，面对"未成年"的学生，由于自我管理能力的不足，对中职教师来说，做好学生管理依然重要。因此，学生的管理能力也是中职教师基本技能中非常重要的一项。虽然中职教师的主要任务是教学，但"科研"对"教学"的积极促进作用却不容忽视，技术革新是生产力发展

使然，而培养创新型人才是时代的呼唤，因此在教师基本技能各
因素中科研能力也是必须的。由于近十年来我国微机的普及应
用，微机操作对绝大多数人来说已经不是限制因素，这可能是导
致其期望值最小的原因，说明在教师基本技能各因素中微机操作
是最不重要的。

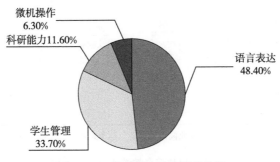

图 2-17　教师基本能力要素分析

5. 教师专业岗位能力各因素比较分析　从图 2-18 可以看
出，操作技能因素在教师专业岗位能力因素中期望值最大，所占
的比重达到 60%，远远大于其他因素；其次为产品开发因素，
所占期望值为 17%，生产管理和市场营销因素相差仅 3% 的期望
值，两者在教师专业岗位能力中处于同等重要的地位。

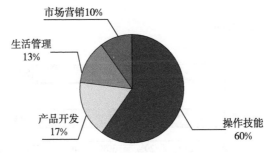

图 2-18　教师专业岗位能力要素分析

6. 教师综合教学能力各因素比较分析 从图 2-19 可以看出，综合教学能力各因素的期望值相差不大，处于第一位为教学能力；其次为专业岗位能力因素和基本素质因素（两者相差 0.02 个期望值）；最后为基本技能。

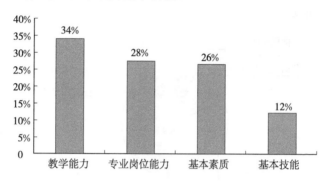

图 2-19 教师综合教学能力各因素比较

7. 园艺专业教师专业能力各因素比较分析 从图 2-20 可以看出，在园艺专业能力各因素的期望值，专业教学技能与生产实践技能各占据半壁江山，说明在园艺专业能力方面，专业教学技能和生产实践技能两项均非常重要，而且同等重要。相对而言，专业理论知识最不重要。

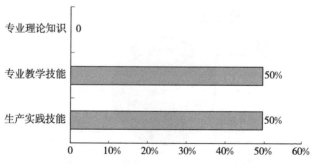

图 2-20 园艺专业教师专业能力各因素分析

8. 园艺专业教师生产实践技能各因素比较分析　从图 2-21 可以看出，栽培技术在园艺专业生产实践技能各因素的期望值最高，达 75%；其次为病虫害防治，最后为贮藏运销。说明当前对园艺专业而言，掌握好栽培技术最为重要，这与园艺产业"一亩园十亩田"的精细化管理特点一致。贮藏运销的比重最小，说明当前"重生产而轻运销"的思想依然占主导地位，这与当前我国园艺产品贮运中普遍存在的非专业人士占据主体的实际情况相吻合，说明更新观念、理顺市场运行机制的任务依然十分艰巨。

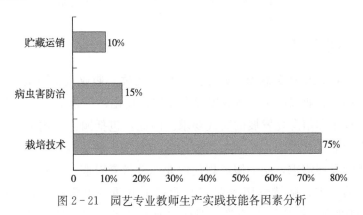

图 2-21　园艺专业教师生产实践技能各因素分析

9. 园艺专业教师专业教学技能各因素比较分析　从图 2-22 可以看出，专业技能示范在园艺专业教学技能各因素的期望值最高，达 70%；其次为专业课程开发；最后为植物种类识别。说明在园艺专业教学中，做好技能示范非常重要，这与园艺学是实践性很强的一门学科相一致。结果也显示，随着我国职业教育和信息技术的发展，专业课程开发受到了重视，而植物种类识别已经不那么重要，因为各种园艺植物的图片通过互联网已经可以"垂手可得"。

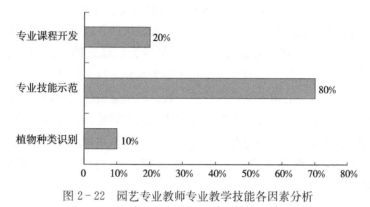

图 2-22 园艺专业教师专业教学技能各因素分析

(四) 建议

1. 增强服务意识,调整人才培养定位 职业教育师资培养要面向农业现代化,顺应现代农业向科技化、产业化、智能化、市场化和信息化发展的时代要求。因此,包括园艺在内的农林类专业人才培养,必须主动面向区域经济、农业现代化、产业化的发展需求,主动服务现代农业职业教育对职业教育师资培养的要求,坚持学历教育与职业培训并重的办学模式,加强"双师型"教师能力培养,围绕农业职业教育培养培训适应新农村建设需要、"有思想、懂技术、会经营、善管理"的现代知识型农民这一目标,强化农业科技开发和科技成果转化能力培养,为把农业中职学校建成"区域内农村基层干部的摇篮、农业科技进步的助推器、农业现代化的引路人、新型农民培养的主阵地"提供师资保障。

2. 适应产业变化,优化课程结构 面对现代农业发展对人才培养的类型和层次的新要求,涉农类专业必须超前适应区域经济和农业发展需要,以农业和农村经济发展需求为导向,从劳动力市场和职业岗位分析入手，及时调整和优化课程知识结构，围绕农业产业化办专业，注重种植、加工、贸易、经营为一体的课程和知识的衔接。特别是要着眼于农业产业结构升级、产业化发展和新型城镇化、信息化、现代化发展对人才需求，优化课程、教学内容、实践实训等环节的教学，从学科本位转向职业能力本位，加强创新意识和素质教育，突出职业能力培养，为学生就业和升学提供更广阔的选择空间。

3. 创新人才培养模式，拓展人才培养空间　顺应现代职业教育发展需要，打破以学校、课堂为中心的培养模式，以就业创业为导向，将人才培养场所从学校课堂延伸到产业、生产岗位，完善校企合作、产学结合、"学校＋公司＋基地＋农户"、农科教结合等开放式培养模式，实现人才教育培训与农业生产发展、就业创业紧密对接。通过实施本科硕士职业教育师资一体化培养模式，构建定向培养、委托培养、免费培养等职业教育师资培养新机制，探索产校合作、校企合作、校校（中职校）合作相互支持的人才培养模式，形成校企合作、校校合作相结合的多元化人才培养格局。

参考文献

Frederick S. Hiller, Gerald J. Lieberman, 2006. 运筹学 [M]. 北京：清华大学出版社.

高利兵，2013. 中职农林牧渔类专业可持续发展的对策研究 [J]. 河南科技学院学报（4）：32-35.

李德春，2012. 中等职业教育中的教师角色探讨 [J]. 宜宾学院学报（1）：110-111.

李莉，闫兵，2011. 浅议中等职业教育中的教师素质 [J]. 黑龙江粮食（3）：46.

刘红英，2010. 中等职业学校"订单式教育"现状及对策研究 [D]. 西北师范大学（9）：45-46.

盛廷珍，2011. 浅谈中等职业教育中教师的素质［J］. 卫生职业教育（2）：67.

郑红，2009. 中等职业教育教师职业缺陷问题探析［J］. 甘肃农业（10）：
52-53.

周家璋，2012. 中等职业学校的现状分析与发展对策［J］. 安徽教育（4）：
11-12.

周颖，2011. 对中等职业教育的几点思考［J］. 继续教育（3）：27-28.

五、园艺专业本科职业教育毕业生质量现状调查研究

2005 年全国职业教育工作会议上发布了《国务院关于大力发展职业教育的决定》，教育部原部长周济也指出："把大力发展职业教育，特别是发展中等职业教育作为当前和今后一个时期教育工作的战略重点"，也从另一个角度告诉我们职业教育是我们教育体系中一个不可或缺的重要部分。现代我国经济的高速发展及人们对环境问题、食品安全问题的深入了解，使园艺、有机蔬菜、有机水果等字眼越来越频繁地出现在人们的生活中，也使这一产业逐渐被人们所熟悉。而支撑这一产业的除了高级技术人员外，还有园艺本科毕业生，所以园艺专业毕业生的培养教育质量直接影响中国园艺产业的整体质量及方向，在业界普遍存在的诸如栽培技术落后、园艺新品种匮乏等，也告诉我们园艺本科毕业生培养的重要性及迫切性。

（一）调查目的与意义

根据《教育部财政部关于实施职业院校教师素质提高计划的意见》（教职成〔2011〕14 号）和相关项目管理办法，《国务院

关于大力发展职业教育的决定》（国发〔2005〕35号）和《教育部财政部关于实施中等职业学校教师素质提高计划的意见》（教职成〔2006〕13号）的精神，"十二五"期间，中央财政安排专项资金，支持全国重点建设职业教育师资培养培训基地开发100个职业教育师资本科专业的培养标准、培养方案、核心课程和特色教材，开展职业教育师资培训项目建设，提升职业教育师资基地的培养培训能力，完善职业教育师资培养培训体系。河南科技学院作为较早起步的国家级职业教育培训基地，成为中等职业学校老师素质提高计划中国家级培训点及承担了职业教育师资园艺本科专业师资培养培训方案、课程和教材开发的项目。

为了能更为准确地把握目前国内职业教育师资园艺本科专业的状况，课题小组针对全国范围内职业教育师资园艺专业总体现状、教学能力现状、师资培训需求及师资培训现状设计等完成调查问卷3套，分别针对中职教师、中职毕业生及中职学校现状三个方面在国内外展开广泛地调查。其中职业教师资本科毕业生在业内人士的评价可以看出，企业等用人单位需要本专业学生应具有哪些基本能力及素质，利用逆推法可以看出我们在本科培养时应注重将哪些专业能力传授给学生。本文将着重对职业教育师资园艺本科毕业生质量调查问卷进行分析。

（二）调查内容与方法

对于园艺专业本科职业教育师资毕业生的质量调查，我们在"中国林特产品博览会暨第十一届中国（合肥）苗木花卉交易大会"、"第二十届中国杨凌农业高新科技成果博览会"、"河南科技学院2013年人才招聘会"，并通过邮件发放调查问卷，在更大范围内征得项目相关信息，共发出问卷615份，收回528份，回收率为85.9%；有效问卷520份，有效率为98.5%。

（三）结果与分析

我们对调查结果进行了认真地统计分析和数据处理，调查结果如图 2-23。

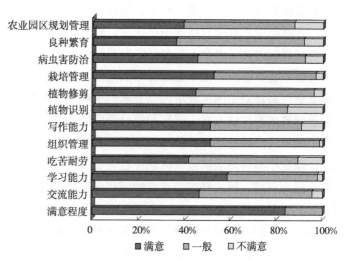

图 2-23　园艺专业职业教育师资本科毕业生质量分析表

1. 企业对职业教育师资教育的了解程度　在调查的 500 余份问卷中，有 81.5％的受访者表示熟知或了解我国职业教育师资教育的性质及内容，有 18.5％的受访者表示不了解什么是职业教育师资教育，所以仍需今后对我国职业教育师资教育加大宣传力度。

2. 企业对职业教育师资园艺专业人才总体评价　在调查的 500 多份问卷中，业界人士中有 83.8％的人对园艺职业教育师资毕业生的普遍表现较为满意，对毕业生基本素质较为肯定，特别是在吃苦耐劳能力及交流能力上表现较为突出；在专业能力上，园艺职业教育师资毕业生普遍评价能力较为一般，在经过一段时间的培训后基本能适应相关的技术工作。

3. 园艺专业本科职业教育师资毕业生基本能力的评价 职业教育师资园艺毕业生基本能力是已知具体的专业能力和专业知识以外的、从事任何一种职业都必不可少的基本能力。当职业发生变化时,所具备的这一能力依然起作用,它将影响人们一生,是每一个人不可或缺的生存能力。

在涉及中职毕业生基本能力中,我们的调查主要有交流能力、学习能力、组织管理、吃苦耐劳及写作能力,综合各项数据可知,综合满意率(即满意与一般之和)都在80%以上,但各项能力表现存在一定的差异,其中学习能力满意率达到58.5%,而吃苦耐劳能力满意率仅有41.5%(表2-4)。

表2-4 基本能力满意度统计表(%)

基本能力	满意	一般	不满意
交流能力	46.2	49.2	4.6
学习能力	58.5	39.2	2.3
吃苦耐劳	41.5	47.7	10.8
组织管理	50.8	47.7	1.5
写作能力	50.8	40	9.2

4. 园艺专业本科职业教育师资毕业生专业能力的评价 在园艺专业本科职业教育师资毕业生专业能力调查中,涉及植物种类识别能力、植物修剪能力、栽培管理能力、病虫害防治能力、新品种选育和良种繁育能力以及农业园区规划建设能力等6项。

其中企业对园艺专业本科职业教育师资毕业生最不满意的是植物种类识别能力;其次是新品种选育和良种繁育能力、农业园区规划建设能力;较满意的是栽培管理能力和植物修剪能力。通过分析可见，职业教育师资园艺本科毕业生在植物栽培管理和整形修剪能力较强，而对植物种类识别、新品种选育和良种繁育以及农业园区规划管理能力较为薄弱，有待加强（表2-5）。

表2-5 专业能力满意度统计表（%）

专业能力	满意	一般	不满意
植物种类识别	46.9	37.6	15.5
植物修剪	44.6	51.5	3.9
栽培管理	52.3	44.6	3.1
病虫害防治	45.3	46.9	7.8
新品种选育和良种繁育	33.8	52.3	13.9
农业园区规划建设	39.2	48.4	12.4

5. 企业认为园艺专业本科职业教育师资毕业生更重要的能力 关于企业在选择人才时，在最注重的能力上，人们普遍认为的学习成绩排名并不靠前，在统计的9项能力中，它排名倒数第二。排在首位的是综合素质，其次是团队精神、道德修养和实践能力。可见企业在选人上已经从单纯的看这个人具备的专业能力转变到看他的发展潜力上（图2-24）。

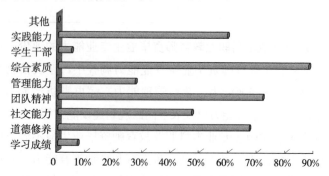

图2-24 企业对园艺专业本科职业教育师资毕业生的能力需求统计图

6. 企业认为园艺专业中更重要的专业课　企业认为园艺专业课中，最为重要的是花卉栽培学（69.2%）及果树栽培学（62.3%）；其次是园艺植物病虫害防治（57.7%）和园艺植物整形修剪（51.5%）；最后是园艺产品贮运学（22.3%）和蔬菜栽培学（25.4%）（图2-25）。

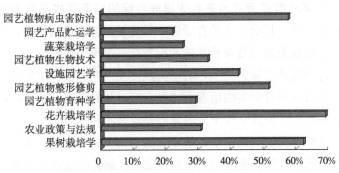

图2-25　企业对职业教育师资园艺本科毕业生开设课程期望统计图

7. 企业对园艺毕业生工种的需求　企业对园艺毕业生工种的需要中，对花卉园艺工需求量最大，为50.8%；其次是种苗繁育工，为27.7%；需求量最小的是菌类园艺工，仅为3.8%（图2-26）。

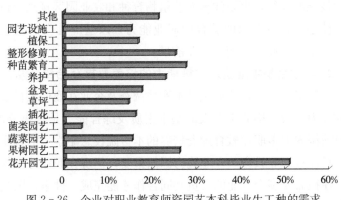

图2-26　企业对职业教育师资园艺本科毕业生工种的需求

（四）小结与讨论

通过企业对园艺专业本科职业教育师资毕业生基本素质、专业能力、最看重的能力及最看重的专业课的调查及分析，我们发现以下问题：

1. 职业教育师资园艺专业培养目标的偏重造成学生专业能力的不平衡 目前职业教育师资本科院校园艺专业的培养，大多偏重于师范类课程教育及基础课程教育，学生的培养目标多是职业教育师资或考取研究生，对于实践性较强的课程偏重较轻，这种培养目标和对学生的培养方式虽在短时间内提高了学生的就业率和考研率，但就学生个人的发展来看是不利的。

反映在我们的调查中，从专业能力调查满意度看，企业对职业教育师资本科毕业生的植物识别能力、新品种选育和良种繁育能力以及农业园区规划建设能力最不满意；对植物栽培管理能力和病虫害防治能力较为满意。因此，大多企业雇佣毕业生只把他们当作有一定基础的工人来用，他们甚至还不如没有任何专业知识的熟练工。因此在学生培养中，不仅要抓园艺植物栽培管理等技术技能的训练，更要注重园艺植物育种和农业园区规划建设能力，使学生具备全面的综合的职业能力，以适应社会的发展趋势，为学生拓展更广阔的就业前景。

2. 毕业生基本素质及关键能力的培养要贯穿始终 从对职业教育师资园艺本科毕业生基本素质调查及企业在雇佣人员要考查的能力来看，毕业生个人的基本素质及综合能力是很重要的。但目前国内大多职业教育师资培养的本科院校忽略学生的素质教育，只注重专业教育。专业能力固然重要，但现在职业分工的细化，往往需要多个专业的人员共同合作才能完成一件事，因此学生本身的协作能力、综合能力、思想品德等往往比具有高深的专业能力更能融入工作。

在基本素质和关键能力培养上,我们要认识到它不是仅靠一门课或一项训练就可以完成的,除安排相关的课程及训练外,这种培养是贯穿于整个本科生学习过程的,而学生学习每门课或每项技能时又要根据其自身特点重点培养某些方面。如在一个农业园区规划建设之初,设计者要通过与甲方人员交流获取使用者或投资者对方案的想法、要求、地块用途等信息;在园区设计方案汇报中,设计者要将自己的设计方案、思路及管理方案等很完整地表达出来,并通过交流,将甲方人员的种种疑问予以回答,因此教师在植物栽培管理、农业园区规划等课程中要有针对性地对学生进行这方面的训练。

3. 创新人才的培养 职业教育师资本科学生的培养以技能型人才为主,但在实际培养过程中要注意因材施教,特别是结合新型园艺发展需求的特点,更要注意在实际技能的操作中创新意识的培养。

当今社会对人才的需求与以往截然不同,要求学生不能只具备单一学科的知识结构,而要注重提高知识学习效率和知识的概括性,培养跨学科的综合能力。因此,在课程设置上,要注重园艺学与现代农业生物技术的融合,重点学习专业知识,锻炼实际操作能力,同时还需辅修计算机信息技术、市场营销和农业经济管理等课程。

改变目前教学中"教材一个版本,讲课一家之言,考试唯一答案"的路子,对课程教学内容进行及时更新和精选优化,可以保证教学内容的先进性和实用性,提高课程的综合化和现代化水平。

高度重视并大力加强实践教学环节,以提高学生实践动手能力、分析问题和解决问题能力。构建与完善实践性教学体系,突出实践环节在人才培养中的重要地位，围绕实践环节构建人才培养特色。严格按照培养方案的要求制定实践课程教学大纲，保证实践课程的开出率、开课条件和教学质量。

参考文献

钟立，2012. 关于中等职业教育发展的思考［J］. 职业教育研究（3）：45.

张丽钦，2009. 中等职业学校改革与发展的思考［J］. 发展研究（6）：53 - 54.

张晶，邓艳，夏金星，2011. 职业学校"教师的困惑"之调查思考［J］. 教育与职业，8（4）：34.

彭伟民，2009. 浅议教师素质的教育作用［J］. 安徽教育（5）：6.

林淑贞，2013. 浅谈中专生计算机技能的培养［J］. 辽宁教育行政学院学报（5）：102 - 103.

孔造杰，2006. 运筹学［M］. 北京：机械工业出版社：56 - 67.

王海燕，肖波，2010. 提高安全培训效果方法探讨［J］. 工业安全与环保（9）.

乌兰，2014. 关于教师继续教育的几点思考［J］. 内蒙古民族大学学报：社会科学版（03）.

张迎春，刘莎莎，2013. 关于我国教师教育中三个论争的思考［J］. 陕西师范大学继续教育学报（1）.

邓泽军，2014. 略论教师专业化对教师继续教育的挑战［J］. 中国成人教育（10）.

秦鹰，2013. 职业教育必须树立"顾客"观念［J］. 职业教育论坛（8）.

六、园艺专业职业教育本科专业教材调查研究

进入 21 世纪后，园艺产业发展日新月异，各种新知识与新技术不断涌现，从而导致社会对园艺人才的需求也逐步地发生变化，包括高级人才与初级人才。而初级人才主要来源于中等职业

学校，其质量很大程度来源于中职教师。而园艺方面的中职教师主要由几所高校的园艺职业教育本科专业所培养。因此，园艺职业教育本科专业作为园艺产业初级人才的培养源头，对于整个国家园艺产业的重要性不言而喻。基于此理，本项目详细调查园艺职业教育本科专业教材的特点与使用情况，找出其中的不足，提出相应的整改措施，为提高园艺职业教育专业毕业生的质量奠定基础，从而促进我国园艺产业及园艺职业教育产业的发展。

（一）调查目的与意义

近年来，园艺专业发展迅速，知识体系构架不断完善，新技术不断地涌现，许多出版社相继出版了众多针对园艺职业教育本科专业的教材。针对这个问题我们做了一个相关调查，调查国内公开发行的教材出版情况及其内容，总结其特点及优缺点，并提出建议，期望能对园艺职业教育本科教材撰写起到参考和指导作用。

（二）调查内容与方法

本次调查采用的方法为：

（1）问卷调查。通过对园艺职业教育本科专业教师、园林企事业人员的问卷调查，了解教材的实用现状和需求。

（2）访谈。通过实地走访河北科技师范学院、安徽科技学院、西北农林科技大学、江西农业大学职业师范技术学院等高校及结合本校情况，与教师交流了解园艺职业教育本科专业教材的使用现状、需求以及对教材的建议。

（3）网上搜索。通过对百度、搜狐、各大出版社等网上的搜索，了解国内公开发行的园艺职业教育本科教材出版情况。

本次获得数据来源包括：①对园艺企事业人员、园艺职业教育本科专业在校生调查的有效问卷 650 份；②与走访院校的 60 余专业教师的访谈；③网上通过百度、搜狐等大型搜索网站，书生之家、超星数字图书馆及中国数字图书馆等大型电子数据库，以及中国教育网、人民教育出版社、中国农业出版社、中国农业大学出版社、中国林业出版社、高等教育出版社、科学出版社等出版社网站的查阅，收集国内公开发行的园艺职业教育本科专业的教材。

（三）结果与分析

从这次调查来看，收集的园艺职业教育本科教材资料齐全，能够代表国家园艺职业教育本科专业教材现状。

1. 园艺职业教育本科专业教材的优点

（1）教学内容形成体系化。教材撰写内容详尽，知识面宽广，知识结构完备，内容章节的深浅度把握比较好，形成一定体系化。

（2）教材内容具有一定的实用性。教材紧密结合国内园艺职业教育发展现状，根据行业需求编制教材。如有观赏园艺、农业观光等方面内容，这些园艺产业发展及部分产业转行所必须的。因此有现实意义，有一定的实用性。根据学生问卷调查，教材理论知识的实用性很好、较好的比率达到 38％，一般的比率达到 52％（表 2-6），对于学生的职业发展具有一定的促进作用。

（3）教材以专业特点为中心，具有一定特色。教材紧密围绕园艺职业教育专业为中心，突出园艺专业的发展特点，同时在一定程度上凸显了职业教育，特别是作为中职教师摇篮的特色。在着重传授园艺专业基本知识的同时，又注重了园艺产业新的发展趋势及园艺职业教育技巧等方面特性。

表 2 - 6　园艺职业教育本科专业教材的职业性、实用性、针对性（学生）

调查内容	很好（%）	较好（%）	一般（%）	差（%）
与将来从事职业的联系	15	30	45	10
与所学专业的联系	9	29	50	12
解决未来职业岗位中的问题	11	20	54	15
理论知识的实用性	13	25	52	10

2. 园艺职业教育本科专业教材的不足

（1）现行教材理论性强，要进一步增强园艺职业教育专业特色。现行的教材很大比例与园艺本科专业教材通用，理论性与逻辑性较强，而在实践操作方面，特别是与将来中职教师职业相关的实践操作比较缺乏，难度较大。如观赏园艺方面开设的《花卉学》、《园艺植物育种学》等专业教材，有的大量篇幅介绍植物形态、分类、育种技术等理论知识，但是对于植物利用、育种实践等篇幅较小，且各教材间高度相似，没有自己的特色，特别是实践利用方面的特色，这样不能很好地体现职业教育特点，达不到相应的教学目的。

（2）教材内容老化，没有体现知识的超前性。从宏观上看，教材的更新一般都要滞后于科技知识的更新，再加上地方保护、教材订阅信息不畅等因素，教材内容老化普遍存在。另外，调查资料显示，超过 50％的教师在教材撰写的过程中，往往不注重跟踪新知识、新技术的发展，不注重淘汰旧理论、旧技术。如《果树学》、《蔬菜学》等专业教材大幅篇章讲述的仍然是形态、生态习性、应用区域、繁殖策略等知识，与前期教材，甚至 20世纪 80 年代的教材内容高度相似，基本不涉及新知识、新技术或新的文献报道，而每年涉及园艺试验文献达到上万篇。通过对用人单位的问卷调查，教材内容应该加强更新的比例达到 70％，而新知识介绍一般与不足的比例达到 84％（表 2 - 7）。

表 2-7　用人单位对教材内容的意见

调查内容	选项 1		选项 2		选项 3		选项 4	
	类别	比例（%）	类别	比例（%）	类别	比例（%）	类别	比例（%）
较好的方面	基本知识传授	69	操作技能	20	解决实际问题	11		
新知识的介绍	不足	34	一般	50	合适	10	较好	6
教材内容	陈旧	0	能满足生产需求	30	应加强更新	70		
教材内容与岗位关系	无帮助	0	有点帮助	10	有帮助	51	帮助很大	39
是否愿意参编教材	否	7	无所谓	22	愿意	55	非常愿意	19
教材应侧重	思想性、教育性	0	系统性、科学性	25	职业性	75		

（3）教材缺少实践课程内容。通过调查，大部分比例教材没有实践课程内容，或没有配套的实践指导教材，主要是通过教师自己撰写实验指导书。实践教材建设状况却令人担忧，大约有50％以上的教材缺乏配套实践教材。实践教材的缺乏导致在培养学生实践操作能力、实践适应能力方面，缺乏合理的教学环节。多数学校都是以《实验指导书》予以替代，且内容过于浅显，缺少必要的实践操作步骤，并无多大的实用价值。

（四）讨论

1. 根据国家标准与实际需求来撰写教材内容　根据国家对园艺职业教育专业制定的标准，结合社会对专业的实践需求与行业的发展趋势来确定教材内容。这要求教材撰写人员吃透国家文件精神，了解园艺产业的发展动向，并基于广泛从业者的建议与调查，才能撰写出真正适合园艺职业教育专业需求的教材。例如，社会要求职高生走向工作前要有职业证书，如花卉工、插花工、果树工、蔬菜工、绿化工、规划设计员、化学工、植保工等。可根据这些国家规定的职业要求标准来参考制定部分园艺职业教育本科专业的教材，使得本科毕业生精通这些职业标准，才能在未来的教师生涯中更好地为职高生服务。

2. 教材强调实践性 园艺职业教育本科专业教材应注重实践教学内容，是由于毕业生工作特性使然，其工作对象大多是中职生，而中职生更注重实践基础，培养的就是技术工人。教材应配套有实验指导书，而且实践课与理论课的比例应最少达到1∶1。撰写教材时理论与实践教材分开，实践内容要根据专业设置要求与社会对园艺产业的需求来撰写。总之，要结合社会实践，与职业教育特性相符合。

此外，专业教材可尝试用实践指导理论的撰写法。传统教材撰写是以理论带动实践，以理论为主。针对园艺职业教育专业的特性，教材撰写人员可以尝试以实践为主，以实践引出理论，为项目驱动法，也称为任务驱动法。在撰写过程中，首先提出任务，其次根据任务确定实施步骤，最后是评价标准。这样的教材比理论引导实践更具接受性，也能让学生更感兴趣。

3. 注重专业知识的发展趋势 我国这几年园艺产业发展较快，知识更新也很快，每年发表的有关园艺的专业文献达到上万篇。因此，在撰写教材时撰写人员注意把握基础知识的同时，要多阅读专业文献（包括国内与国外），了解园艺专业前沿知识与发展趋势，并将其应用到教材中，不要一味地拷贝前期教材篇幅，要将"编"书慢慢转变为"编著"书，最后发展到"著"书，从而大大提高教材质量，使得专业新教材具有较强的超前性、基础性、实践性和灵活性，改变职业教育教材与行业发展脱节的局面。

（4）要规范管理教材建设。园艺职业教育本科教材市场还存在一些问题，如教材使用时间长，更新步伐较慢；教材撰写人员不规范。针对这些问题，国家应该出台相关政策对教材市场进行规范化管理。①加快教材的更新速度。由于一些地方保护主义，很多地方要求教材征订规划在一个较小的范围，而不能根据地域特征、学生素质及专业特性进行广泛地选择，特别适宜专业课教材。国家必须制定相关政策来限制这种"保护主义"，加快高质量教材的流动，扩大其使用范围，并要及时淘汰或更新质量较差的教材。②规范教材撰写人员。许多主编接到任务后仓促组织撰写，其参编人员很不规范。主编很少针对职业教育专业特性对撰写人员进行筛选，而是拉起一帮关系亲近的人员进行撰写，甚至有的由研究生代替撰写的。这样很多撰写者缺乏实践经验，导致了教材的理论性过强，达不到职业教育教材的标准。在撰写园艺职业教育专业教材时，应该按照一定比例引入企业技术人员进行撰写，以增强园艺职业教育专业教材的实践性与特色。从调查结果可以看出，企业中有70％以上的被调查者愿意参加撰写，但大部分教材编组没有充分利用这一优势，致使教材内容的实用性、针对性及新技术的介绍达不到要求。

参考文献

母小勇，谢安邦，2010. 论教师教育课程的价值取向［J］. 教育研究（8）：43-47.

薛萌，2013. 中等职业学校会展专业主流教材调查分析［J］. 才智（21）：2.

张文杰，姚连芳，郑树景，等，2009. 园林专业中职教材调查与分析［J］. 河南职业技术师范学院学报：职业教育版（4）：128-129.

第三部分　附　　录

附录一　中等职业学校教师教学能力
现状调查问卷

1. 您在组织教学中经常遇到的问题是什么？
A. 组织困难（　　）　　　　B. 学生配合不够（　　）
C. 师生互动不够（　　）　　D. 方法不得当（　　）

2. 根据您的课程特点，您经常采用的运用教学方法是什么？
A. 启发式教学（　　）　　　B. 讨论式教学（　　）
C. 案例教学（　　）　　　　D. 鼓励学生自主学习（　　）　　E. 其他（　　）

3. 您所掌握的外语能力是否能够满足日常工作的需要？
A. 能（　　）　　B. 一般（　　）　　C. 不能（　　）

4. 您是否能够按时完成职称评审所需完成的科研要求？
A. 能（　　）　　B. 一般（　　）　　C. 不能（　　）

5. 您在哪些方面进行了教学研究？
A. 课程改革（　　）　　B. 教案（　　）
C. 理论教学（　　）　　D. 实践教学（　　）　　E. 无（　　）

6. 您是否熟悉国家有关的教育法规？
A. 熟悉（　　）　　B. 一般（　　）　　C. 不熟悉（　　）

7. 您是否了解学生的心理特点？
A. 了解（　　）　　B. 一般（　　）　　C. 不了解（　　）

8. 您是否能够和同事进行良好的工作合作？
A. 能（　　）　　B. 一般（　　）　　C. 不能（　　）

9. 您认为您的专业操作技能达到以下哪个层次?

A. 精通（　　　）　　　B. 熟练（　　　）　　　C. 一般（　　　）

D. 不太熟练（　　　）　　　E. 困难（　　　）

---

10. 您是否能够准确地把握教学内容?

A. 能（　　　）　　　B. 一般（　　　）　　　C. 不能（　　　）

---

11. 您在教学中是否能够及时地引入新的教学理念?

A. 能（　　　）　　　B. 一般（　　　）　　　C. 不能（　　　）

---

12. 您在教学中是否做到教学手段多样化?

A. 能（　　　）　　　B. 一般（　　　）　　　C. 不能（　　　）

---

13. 您所教的课程是否和您的专业所学对口?

A. 对口（　　　）　　　B. 不对口（　　　）

---

14. 您认为自身实践教学能力是否能够满足工作需要?

A. 能（　　　）　　　B. 一般（　　　）　　　C. 不能（　　　）

---

15. 您认为自身理论教学能力是否能够满足工作需要?

A. 能（　　　）B. 一般（　　　）C. 不能（　　　）

附录二 中等职业学校对中等职业教育师资的教学能力期望调查问卷

问卷编号：_____

为了解中等职业学校对教师教学能力的期望，从而进一步完善我国的职业教育师资人才培养质量，请您再百忙中填写此问卷。感谢您的支持与合作！

教育部园艺职业教育师资项目组

河南科技学院

---

1. 贵校的名称是：_____

2. 贵校的办学历史？

    A. 10 年以下（　　）；B. 10～30 年（　　）；

    C. 30 年以上（　　）

3. 贵校是否有园艺相关专业？

    A. 是（　　）；B. 否（　　）

4. 您希望中职教学中，以下哪项所占的比例更大？

    A. 理论教学（　　）；B. 实训教学（　　）；

    C. 各占 50%（　　）

该部分题目，请将答案的数字号填入（　　）内，每个（　　）内限选 1 项

如下教学能力因素中，您认为：

    （1）教学组织能力；（2）运用教法能力；

    （3）教学测评能力；（4）教学设计能力

        A. 最重要的因素是：（　　）（必选 1 项）

  B. 比较重要的因素是：（ ）（必选 1 项）

  C. 不太重要的因素是：（ ）（必选 1 项）

  D. 最不重要的因素是：（ ）（必选 1 项）

如下基本素质因素中，您认为：

  （1）职业道德；（2）教育法规；（3）教育心理；

  （4）团队合作；（5）人文素质

    A. 最重要的因素是：（ ）（必选 1 项）

    B. 比较重要的因素是：（ ）（必选 2 项）

    C. 不太重要的因素是：（ ）（必选 1 项）

    D. 最不重要的因素是：（ ）（必选 1 项）

如下基本技能因素中，您认为：

  （1）语言表达能力；（2）微机操作能力；（3）学生管理能力

  （4）外语水平；（5）科研能力

    A. 最重要的因素是：（ ）（必选 1 项）

    B. 比较重要的因素是：（ ）（必选 2 项）

    C. 不太重要的因素是：（ ）（必选 1 项）

    D. 最不重要的因素是：（ ）（必选 1 项）

如下岗位能力因素中，您认为：

  （1）产品开发；（2）操作技能；

  （3）生产管理；（4）市场营销

    A. 最重要的因素是：（ ）（必选 1 项）

    B. 比较重要的因素是：（ ）（必选 1 项）

    C. 不太重要的因素是：（ ）（必选 1 项）

    D. 最不重要的因素是：（ ）（必选 1 项）

如下综合能力中，您认为：

（1）教学能力；（2）基本素质；（3）基本技能；

（4）专业岗位能力

    A. 最重要的因素是：（　　）（必选1项）

    B. 比较重要的因素是：（　　）（必选1项）

    C. 不太重要的因素是：（　　）（必选1项）

    D. 最不重要的因素是：（　　）（必选1项）

附录三　园艺专业中等职业教育师资专业能力期望调查问卷

问卷编号：＿＿＿＿＿＿

您好！为进一步提高我国园艺专业职业教育师资质量。请您在百忙中抽空填写此问卷，感谢您的支持和合作！

教育部园艺职业教育师资项目组
河南科技学院

1. 您所在单位的名称：

2. 您所在部门属于：	A管理部门 （　）	B生产部门 （　）	C营销部门 （　）	D其他 （　）	

3. 您的职务/职称：	A处级 （　）	B科级 （　）	C初级 （　）	D中级 （　）	E高级 （　）

请将答案的数字号填入（　　）内，每个（　　）内限选1项：

1. 如下专业能力中，您认为：

（1）专业理论知识；（2）专业教学技能；

（3）生产实践技能

按照最重要到最不重要排序依次为：（　　）（　　）（　　）

2. 如下专业知识中，您认为：

（1）专业知识广度；（2）专业知识深度；

（3）专业知识应用

按照最重要到最不重要排序依次为：（　　）（　　）（　　）

3. 如下生产实践技能中，您认为：

（1）栽培技术；（2）病虫害防治；

（3）贮藏运销

按照最重要到最不重要排序依次为：（　　）（　　）（　　）

4. 如下专业教学技能中，您认为：

(1) 植物种类识别；(2) 专业技能示范；

(3) 专业课程开发

按照最重要到最不重要排序依次为：（　　）（　　）（　　）

附录四 园艺专业本科职业教育毕业生质量调查问卷

您好！我们是教育部园艺职业教育师资培养资源开发项目研究小组！希望了解园艺专业本科职业教育毕业生培养质量现状。请您在百忙中抽空填写此问卷，感谢您的支持和合作！

河南科技学院

填写说明：请在你所认为合适的答案后面划"√"或在横线上填写。

1. 您所在单位的名称：

2. 您所在单位性质：

A 职业学校（ ）	B 民营（私企）（ ）	C 行政事业单位（ ）	D 国有企业（ ）
E 集体企业（ ）	F 三资企业（ ）	G 个体工商企业（ ）	H 其他（ ）

3. 您了解职业教育师资教育吗？　A. 了解（ ）　B. 不了解（ ）

4. 您对园艺本科职业教育毕业生普遍的满意程度：　A. 满意（ ）　B. 不满意（ ）

5. 您对园艺本科职业教育毕业生的交流能力满意吗？　A 满意（ ）　B 一般（ ）　C 不满意（ ）

6. 您对园艺本科职业教育毕业生获取知识和信息的能力满意吗？　A 满意（ ）　B 一般（ ）　C 不满意（ ）

7. 您对园艺本科职业教育毕业生的吃苦耐劳精神满意吗？　A 满意（ ）　B 一般（ ）　C 不满意（ ）

8. 您对园艺本科职业教育毕业生的组织管理能力满意吗？　A 满意（ ）　B 一般（ ）　C 不满意（ ）

9. 您对园艺本科职业教育毕业生的写作能力满意吗？　A 满意（ ）　B 一般（ ）　C 不满意（ ）

10. 您对园艺本科职业教育毕业生的植物种类识别能力满意吗？　A 满意（ ）　B 一般（ ）　C 不满意（ ）

（续）

11. 您对园艺本科职业教育毕业生的植物修剪能力满意吗？	A 满意（ ）	B 一般（ ）	C 不满意（ ）
12. 您对园艺本科职业教育毕业生的栽培管理能力满意吗？	A 满意（ ）	B 一般（ ）	C 不满意（ ）
13. 您对园艺本科职业教育毕业生的病虫害防治能力满意吗？	A 满意（ ）	B 一般（ ）	C 不满意（ ）
14. 您对园艺本科职业教育毕业生的新品种选育和良种繁育能力满意吗？	A 满意（ ）	B 一般（ ）	C 不满意（ ）
15. 您对园艺本科职业教育毕业生农业园区规划建设能力满意吗？	A 满意（ ）	B 一般（ ）	C 不满意（ ）
16. 以下课程中，您认为哪些课程比较重要？（可以多选） A 果树栽培学（ ）　B 农业政策与法规（ ）　C 花卉栽培学（ ）　D 园艺植物育种学（ ）　E 园艺植物整形修剪（ ） F 设施园艺学（ ）　G 园艺植物生物技术（ ）　H 蔬菜栽培学（ ）　I 园艺产品储运学（ ）　J 园艺植物病虫害防治（ ）			
17. 贵单位更需要以下哪些工种？（可以多选） A 花卉园艺工（ ）　B 果树园艺工（ ）　C 蔬菜园艺工（ ）　D 菌类园艺工（ ）　E 插花工（ ） F 草坪工（ ）　G 盆景工（ ）　H 养工（ ）　I 种苗繁育工（ ）　J 整形修剪工（ ） K 植保工（ ）　L 园艺设施工（ ）　M 其他（ ）			
18. 您挑选毕业生主要看：（可以多选） A 学习成绩（ ）　B 道德修养（ ）　C 社交能力（ ）　D 团队精神（ ）　E 管理能力（ ） F 综合素质（ ）　G 学生干部（ ）　H 实践经历（ ）　I 其他（ ）			

除以上素质外，您还希望我们加强学生哪方面的素质培养：

附录五 走访中职学校园艺相关专业调查问卷

1. 学校概况

    （1）学校名称：_____；学校所在地：_____；学校建校于_____年；学校面积_____。

    （2）在校学生人数_____；在编教职工人数_____。

2. 本专业（包括种植、现代农艺、果蔬花卉生产技术等种植相关专业，以下同）概况

    （1）本专业创办于____年；

    （2）目前本专业招生具体专业名称和在校学生人数分别是：

_____。

3. 本专业专业课教师师资情况

    （1）在编人员高级职称____人，中级职称_____人，初级职称_____人；

    （2）在编人员硕士及以上学历____人，本科学历____人，专科及以下学历_____人；（3）外聘_____人。

4. 本专业教学情况

    （1）实训实习课时：_____；占总课时比例：_____；

    （2）主干课程有：_____

_____

    （3）主干课程对应的教材：_____

_____

_____

_____

_____

_____

（4）拷贝教学计划、课程大纲以及实训实习大纲。

5. 教师对上述教材的满意度：_____

_____

_____

_____

_____

6. 本专业近年招生就业情况

（1）计划招生人数：2010 年_____人；2011 年_____

人；2012 年_____人；2013 年_____人；

（2）实际招生人数：2010 年_____人；2011 年_____

人；2012 年_____人；2013 年_____人；

（3）毕业生就业率：2011 届_____人；2012 届_____

人；2013 届_____人；

（4）毕业生主要就业岗位：_____

（5）毕业生最初平均工作待遇：_____元/月。

7. 专业课教师学缘结构情况

（1）专业课教师所学专业分别有：_____

_____；

（2）专业课教师属于职业教育师资比例为（ ）

A. 小于 20% B. 20%～40%

C. 40%～60% D. 大于 60%

8. 专业课教师对自己的工资待遇满意程度（ ）

A. 非常满意 B. 满意 C. 基本满意 D. 不满意

9. 实训实习基地情况

（1）面积_____亩；

（2）规模描述：

10. 其他信息

附录六 中职园艺专业毕业生质量调查问卷

问卷编号 _____

您好！我们是教育部园艺职业教育师资培养资源开发项目研究小组！希望了解中职园艺专业毕业生质量现状。请您在百忙中抽空填写此问卷。感谢您的支持和合作！

河南科技学院

填写说明：请在你所认为合适的答案后面划"√"或在横线上填写。

1. 您所在单位的名称					
2. 您所在部门属于：	A 管理部门 （ ）	B 设计部门 （ ）	C 施工部门 （ ）	D 其他 （ ）	
3. 您的职务/职称：	A 处级 （ ）	B 科级 （ ）	C 初级 （ ）	D 中级 （ ）	E 高级 （ ）
4. 您对中职生普遍的满意程度：	A 满意 （ ）	B 一般 （ ）	C 不满意 （ ）		
5. 您对中职生的交流能力满意吗？	A 满意 （ ）	B 一般 （ ）	C 不满意 （ ）		
6. 您对中职生表取知识和信息的能力满意吗？	A 满意 （ ）	B 一般 （ ）	C 不满意 （ ）		
7. 您对中职生的吃苦耐劳精神满意吗？	A 满意 （ ）	B 一般 （ ）	C 不满意 （ ）		
8. 您对中职生的组织管理能力满意吗？	A 满意 （ ）	B 一般 （ ）	C 不满意 （ ）		
9. 您对中职生的写作能力满意吗？	A 满意 （ ）	B 一般 （ ）	C 不满意 （ ）		

（续）

	A	B	C
10. 您对中职生的植物种类识别能力满意吗？	A 满意（ ）	B 一般（ ）	C 不满意（ ）
11. 您对中职生熟悉园艺生产资料情况满意吗？	A 满意（ ）	B 一般（ ）	C 不满意（ ）
12. 您对中职生的园艺实践技能满意吗？	A 满意（ ）	B 一般（ ）	C 不满意（ ）
13. 您对中职生熟悉园艺政策法规情况满意吗？	A 满意（ ）	B 一般（ ）	C 不满意（ ）
14. 您认为中职生具有职业资格证书重要吗？	A 重要（ ）	B 一般（ ）	C 不重要（ ）

15. 您挑选中职生主要看：（可以多选）

A 学习成绩（ ） B 思想品德（ ） C 社交能力（ ） D 协作能力（ ） E 管理能力（ ）
F 综合素质（ ） G 学生干部（ ） H 实践经历（ ） I 其他（ ）

除以上素质外，您还希望我们加强学生哪方面的素质培养：

附录七　园艺专业中职生培养质量
期望调查问卷

问卷编号_____

您好！我们是教育部园艺职业教育师资项目组！希望了解园艺行业对中职生培养的要求。您的意见和建议，有助于我们改进教学体系，提高人才培养质量。请您在百忙中抽空填写此问卷，感谢您的支持和合作！

河南科技学院

1. 您所在单位的名称：				
2. 您所在部门属于：	A 管理部门 （　）	B 生产部门 （　）	C 营销部门 （　）	D 其他 （　）
3. 您的职务/职称：	A 处级 （　）	B 科级 （　）	C 初级 （　）	D 中级 （　）	E 高级 （　）

该部分题目，请将答案的数字号填入（　　　）内，每个（　　　）内限选 1 项

1. 如下基本能力中，您认为：

（1）微机操作能力；（2）学习能力；（3）沟通交流能力；

（4）组织管理能力

按照最重要到最不重要排序依次为：（　　　）（　　　）（　　　）

（　　　）

2. 如下专业技能中，您认为：

（1）繁殖育种；（2）栽培养护；（3）花艺设计；

（4）贮藏运销

按照最重要到最不重要排序依次为：（　　）（　　）（　　）
（　　）

3. 如下专业理论知识中，您认为：

（1）栽培与生理；（2）遗传与育种；（3）政策与法规；

（4）病虫害防治

按照最重要到最不重要排序依次为：（　　）（　　）（　　）
（　　）

4. 如下综合素质中，您认为：

（1）基本能力；（2）专业技能；（3）专业理论知识；

（4）职业道德

按照最重要到最不重要排序依次为：（　　）（　　）（　　）
（　　）

除以上能力外，您还希望我们加强学生哪方面的能力
培养：

_____

_____

_____

附录八 实地考察座谈纪要

时间：2013 年 4 月 9 日。

地点：北京黄庄职业高中。

座谈人员：姚连芳、郑树景、刘校长、王校长、刘主任、部分园艺专业教师。

内容纪要：2006 年 7 月开始七校址办学，东部校区现有学生 2 000 多名，占地 155 亩。介绍园艺专业教学计划、招生就业情况、教材、学生实习。

教育部对德育有具体学习要求，但各地对文化课统考要求不一。学生毕业时要有毕业证及职业资格证，毕业去向大多为无土栽培、组织培养等方向，有 1/3 的学生做本专业。目前学生教材比较杂乱。从入校学生实习分为 3 步：接触行业——短期实践——毕业实习。

时间：2013 年 4 月 10 日。

地点：北京市农业学校。

座谈人员：姚连芳、郑树景、张校长、专业教师代表。

内容纪要：学校情况介绍：1998 年北京骨干专业，2000 年省部级重点学校，2002 年全国骨干专业；目前以农业类专业为主，其他专业为辅。

师资：高级教师 9 个，中级教师 21 个，50％为"双师型"教师。

中职学校目前办校的困境、学生主要就业出路、教材等。

时间：2013 年 7 月 11 日。

地点：兰州园艺学校。

座谈人员：赵一鹏、齐安国、马校长、左老师、刘主任、于老师、梁老师等。

内容纪要：学校介绍：有 50 多年的历史，目前有果蔬花卉生产技术、种植、现代农艺、农业机械 4 个专业，2004 年迁到新校址，有 120 亩地。2006 年被评为国家级重点中等职业学校。

师资：63 名，47 名专职教师。

专业建设：以提高实践能力为核心，以能力为主线进行课程开发，以学生为主体进行改革。

时间：2013 年 11 月 15 日。

地点：昆明市农业学校。

座谈人员：齐安国、杜晓华、周瑞金、银副校长、赵老师、教务处马主任等 15 人。

内容纪要：1958 年建校，学校面积 430 余亩，在校学生 6 917 人，教职工 261 人。

1958 年建园艺专业，目前在校学生 1 005 人。园艺专业教师 19 人，全部本科以上学历。

实习实训基地 50 亩，实习实训占总课时 40%。

教师对目前使用的教材基本满意。

毕业生就业主要在绿化公司、苗圃、销售门市部。最初月薪 1 400～1 800 元。

专业教师一般上 2～3 门课。